Wissen im Bild

ZOOLOGIE

J. Castelló • C. Sanz • M. Puigcerver

Wissen im Bild
ZOOLOGIE

WIRBELLOSE
und
WIRBELTIERE

tosa

Originaltitel „Atlas de Zoología – Invertebrados" und „ Atlas de Zoología – Vertebrados"

Übersetzung, Redaktion und Satz:
Dr. Jörg Meidenbauer Verlagsbüro, München

Umschlag:
Kraxenberger Kommunikationshaus GmbH, München

Druck: Ueberreuter Print und Digimedia

Einleitung

Mit dem vorliegenden Werk wird dem Schüler bzw. der Schülerin dieses Fachs und jedem an diesem Thema Interessierten ein neues Werkzeug an die Hand gegeben. Denn in diesem Buch sind die wirbellosen Tiere und die Wirbeltiere zusammengefaßt. Damit bietet es einen fundierten Überblick über die Zoologie. Unser Ziel war es, ein übersichtliches, ausführliches und dem gegenwärtigen Forschungsstand entsprechendes Werk vorzulegen, das sich sowohl zum Nachschlagen als auch als Lehrbuch eignet.

Einige sehr ausführliche Tabellen mit der Klassifikation der Tiere ermöglichen den kontinuierlichen Bezug zu einer globalen Betrachtung der jeweiligen Tiergruppe.

Eigens für dieses Werk erstellte Abbildungen erschließen die Welt der Tiere auch optisch. Sie umfassen didaktische Schemata, anatomische Details und Zeichnungen der häufigsten Arten.

Bei den Wirbellosen werden in anatomischen Schemazeichnungen die verschiedenen Funktionsapparate bzw. Systeme durch unterschiedliche Farben gekennzeichnet. Gelb entspricht dabei dem Nervensystem; blau der Haut; rosa dem Verdauungsapparat; dunkelgrün dem Ausscheidungsapparat; hellgrün dem Fortpflanzungsapparat; blau kann auch den Kreislauf- und Atmungsapparaten entsprechen; braun der Muskulatur und schließlich orange der Leibeshöhle. Auf diese Weise ist die Erkennung immer einfach und die Kennzeichnung erleichtert zugleich den Vergleich zwischen den verschiedenen Gruppen.

Die Wirbeltiere werden in zusammengefaßten Gruppen anhand ihrer Hauptmerkmale, ihres Bauplans und der Systematik vorgestellt. Aus jeder Gruppe wird darüber hinaus stellvertretend ein Tier noch einmal besonders eingehend beschrieben. Die Kapitel zur Evolution der Wirbeltiere und zur Tiergeographie ergänzen den praktischen Nutzen dieses Werks.

Das Buch eignet sich somit ideal, um - zuverlässig und unterhaltsam zugleich - mehr über die komplexe und deshalb umso faszinierendere Welt der Tiere zu erfahren.

Einflußfaktoren der Ausbreitung

Tiere sind auf der Erde nicht gleichmäßig verteilt, sondern kommen in bestimmten Verbreitungsgebieten vor.

Die Zoogeographie ist die Wissenschaft der geographischen Verbreitung der Tiere. Zur Erklärung des Vorkommens der Tiere verwendet sie Erkenntnisse über die Beschaffenheit der Erde in der Vergangenheit (der Paläostratigraphie), über die Entwicklungsgeschichte ausgestorbener Lebewesen (der Paläontologie) und über die ökologischen Bedürfnisse der einzelnen Arten. Durch Anwendung dieser Kriterien können die Entwicklungswege aller Tiergruppen verfolgt werden. Dies ermöglicht in der Arealkunde (Biochorologie) das Verständnis der aktuellen Verteilung der Tiere.

Im allgemeinen weisen Tiere eine sehr lokale Verbreitung auf der Erdoberfläche und eine etwas weitere in den Meeren auf, wobei es Unterschiede bei den verschiedenen Tierarten gibt.

AUSBREITUNG

Unter Ausbreitung versteht man die Vorgänge, die zu einer bestimmten Verbreitung einer Art führen. Man geht von einem theoretischem Ursprungspunkt für jede Art aus, der Verbreitungszentrum genannt wird. Die Art breitet sich über diesen Punkt hinaus aus und bedeckt zu jedem Zeitpunkt ein bestimmtes Verbreitungsgebiet, auch Areal genannt, das geschlossen (zusammenhängend) oder disjunkt (zerteilt) sein kann. Es ist auch möglich, daß sich zu einem bestimmtem Zeitpunkt das Verbreitungszentrum außerhalb des Areals der Art befindet.

EINFLUSSFAKTOREN DER AUSBREITUNG

Auf die Ausbreitung von Tierarten wirken positive und negative Faktoren. Zu ersteren zählen:

-*Die Art der Fortbewegung.* Die Tiere mit effektiven Fortbewegungsarten haben die Möglichkeit, große Verbreitungsgebiete einzunehmen.

-*Physiologische Eigenschaften.* Bestimmte physiologische Charakteristika können es ermöglichen, daß eine Tiergruppe unabhängig von den Umweltbedingungen Gebiete besiedeln kann, in denen andere Arten nicht überleben könnten. Das deutlichste Beispiel, obwohl es nicht zu der Gruppe der Wirbellosen gehört, ist das der Warmblüter, die durch ihre Temperaturregulation auch kalte Klimazonen erobern konnten.

Unter den negativ wirkenden Verbreitungsfaktoren müssen folgende genannt werden:

- *Geographische Barrieren.* Unter Barrieren erster Ordnung versteht man kontinentale Grenzen im Falle der Meeresbewohner bzw. die Ozeane für die Landbewohner. Hohe Berge und Wüsten sind ebenfalls wichtige Ausbreitungsbarrieren.

- *Klima.* Dieser Faktor, der mit physikalischen Faktoren zusammenhängt, ist von großer Bedeutung. So bedingt zum Beispiel die Hochgebirgszone niedrige Temperaturen. Der Klimafaktor ist dafür verantwortlich, daß viele Arten, die in früheren Zeiträumen sehr ausgedehnte Areale besiedelten, heutzutage auf bestimmte, unzusammenhängende Gebiete beschränkt leben. Arten, die in solchen isolierten Gebieten abgetrennt von ihrem Verbreitungsschwerpunkt leben, faßt man als Relikte auf.

- *Meeresströmungen.* Bei den marinen Tieren gibt es keine so wichtigen physischen Barrieren wie es die Ozeane für die Landtiere darstellen. Meeresströmungen, die jahreszeitlich konstant auftreten, können die Ausbreitung auf die Strömungsrichtung beschränken.

- *Salzgehalt.* Ein weiterer Faktor, der bei wasserlebenden Tieren berücksichtigt werden muß. Je nach ihrer Anpassungsfähigkeit an den Salzgehalt des Mediums spricht man von euryhalinen Arten (weite Bereiche an Salzgehalten werden toleriert) gegenüber den stenohalinen, die nur einen engen Bereich tolerieren. Erstere können somit unterschiedliche Umweltbereiche besiedeln und im Gegensatz zu letzteren ihr Areal erweitern.

Auf jeden Fall ist der Salzgehalt des Wassers als einschränkende Größe für die Verbreitung anzusehen.

TIERGEOGRAPHISCHE REGIONEN

Die Verbreitung der Tierarten ist nicht auf der ganzen Erdoberfläche gleichmäßig, sondern jede Art ist in der Regel für eine bestimmte Region charakteristisch. Dies ist in dem Ursprung der Art und ihrer nachfolgenden Verbreitung begründet. Der Vorgang ist verknüpft mit der erdgeschichtlichen Entwicklung der Kontinente und mit der Veränderung ihrer Ökologie in unterschiedlichen Zeit- und Lebensräumen. Damit ist es möglich, daß jede Region bestimmte faunistische Eigenheiten aufweist und zwischen autochthonen und immigrierten Arten unterschieden werden kann.

Aus den genannten Überlegungen wurde eine Einteilung der Erde in Regionen entwickelt, die noch heute verwendet wird (Abb. 1). Die einzelnen Regionen werden auf S. 80 beschrieben.

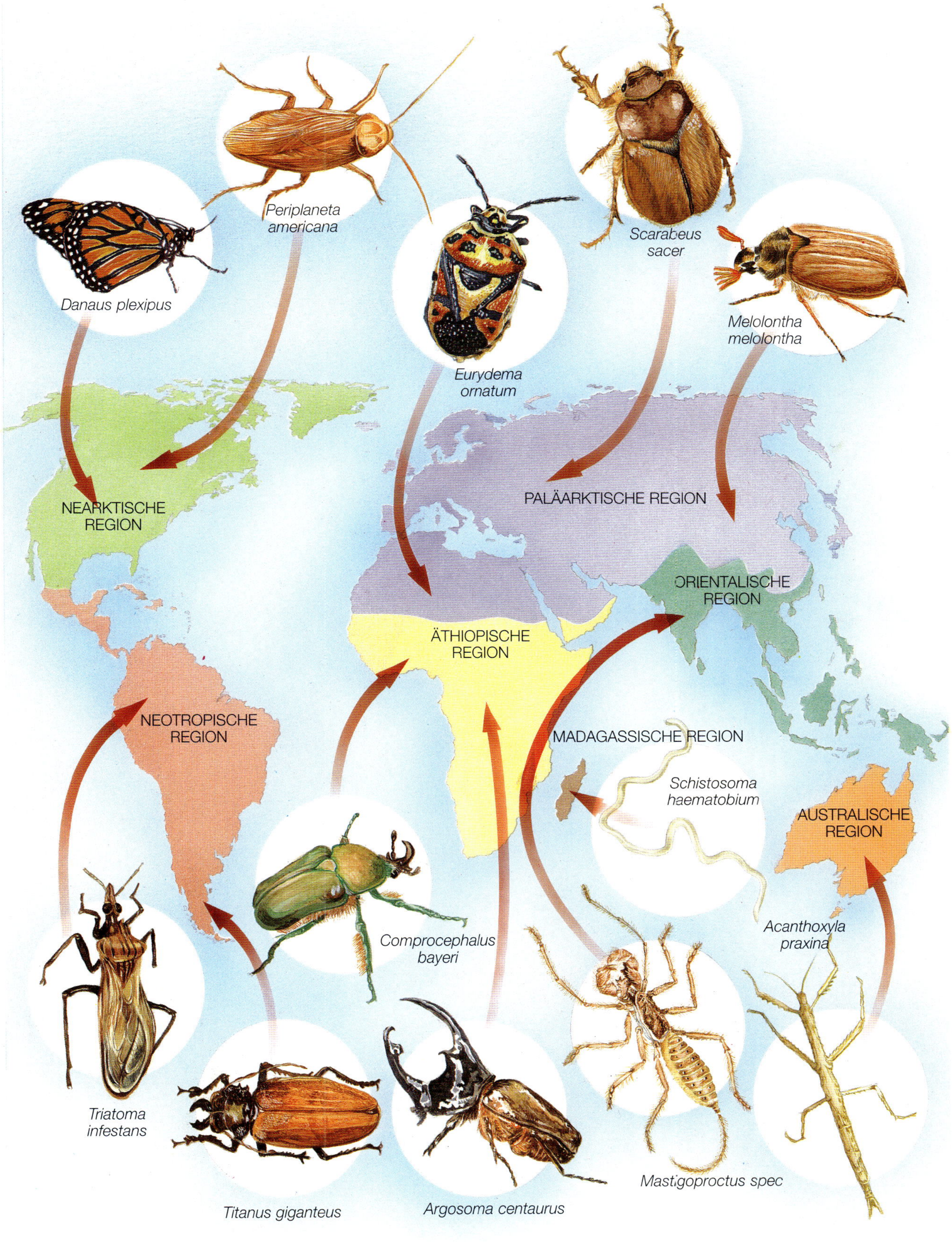

Abb. 1. Die tiergeographischen Regionen, mit jeweils einigen ihrer (wirbellosen) Vertreter.

Habitate. Zonierung

Alle Organismen leben in einer für jede Individuengruppe charakteristischen Umwelt. Daher sollte ihre Betrachtung immer im Zusammenhang mit den herrschenden Lebensbedingungen erfolgen. Das Verhältnis zwischen Organismen und ihrer Umwelt ist Gegenstand der Ökologie.

Die bedeutendsten Lebensräume sind der aquatische und der terrestrische. Innerhalb des terrestrischen Lebensraums gibt es den epigäischen auf der Erdoberfläche und den endogäischen unter der Erdoberfäche. Im epigäischen Lebensraum unterscheidet man zwischen den großen Ökosystemen (Wälder, Wüsten, Tundren usw.), deren Artenvielfalt von ihren physikalischen Gegebenheiten (Temperatur, Trockenheit usw.) abhängt; Tiere können in Bauten leben, die sie sich selber schaffen, in Baumhöhlen, auf toter oder sich zersetzender organischer Substanz, unter Steinen usw. und sie weisen Ernährungstypen auf, die an das besiedelte Habitat angepaßt sind. Im endogäischen Lebensraum trifft man auf die Bewohner von Spalten und Höhlen des Bodens, wie z.B. die sogenannte Höhlenfauna mit speziellen Anpassungen an ihre besondere Lebensweise (Feuchte, Lichtmangel usw.). Im aquatischen Lebensraum muß man zwischen Süß- und Salzwasser trennen. Beim Süßwasser unterscheidet man zwischen stehenden Gewässern (z.B. Seen und Lagunen) und Fließgewässern (Flüsse, Bäche). Es ist offensichtlich, daß jedes Habitat von unterschiedlichen Lebensgemeinschaften bewohnt wird: so kann man in stehenden Gewässern die Uferzone (Litoral), die Freiwasserzone (Limnion) und die Tiefenzone (Profundal) voneinander abgrenzen und in Fließgewässern die Ruhewasser- von der Stromschnellenzone (in seichten Gewässern mit gewisser Strömung).

In den Ökosystemen der Ozeane heben sich die Lebensformen in der photischen (mit Lichteinfluß, bis maximal 200 m Tiefe) von denen der aphotischen Zone ab. Gleichzeitig ändern sich die physikalischen Bedingungen mit zunehmender Tiefe, wie der Druck oder die Temperatur, so daß sich eine Abfolge verschiedener Zonen ergibt:

- *Litorale* Zone (im Bereich der Gezeiten)

- *Neritische* Zone (über dem Kontinentalschelf)

- *Ozeanische* Zone (Hochseezone, jenseits des Schelfs)

- *Bathyal* (an Abhängen und Erhebungen der Kontinente)

- *Abyssal* (zwischen 2000 und 5000 m Tiefe)

- *Hadal* (Tiefsee)

Schließlich müssen noch in den aquatischen Systemen die Organismengruppen genannt werden, die benthisch (verankert) bzw. pelagisch (freischwimmend) leben. In Bezug auf ihre Fortbewegung gibt es:

- *Plankton.* Mikroskopisch kleine Organismen, die im Wasser schweben und deren Bewegungen mehr oder weniger passiv durch Strömungen erfolgen.

- *Benthon.* Organismen, die fest am Grund verankert sind bzw. sich ständig dort aufhalten oder in Sedimenten leben.

- *Nekton.* Schwebende Organismen, die sich aktiv fortbewegen können.

- *Neuston.* Organismen, die an der Wasseroberfläche leben bzw. schwimmen.

- *Perifiton.* Organismen, die an andere Lebewesen angeheftet leben.

Abb. 2. Einige (wirbellose) Bewohner der verschiedenen marinen Habitate.

Taxonomie und Klassifikation

Die Regeln der zoologischen Nomenklatur (Bennenung), die heute angewendet werden, wurden von Linné im 18. Jahrhundert begründet, vor allem durch die Veröffentlichung der 10. Auflage seines Werkes *Systema Naturae* im Jahre 1758. Es werden taxonomische Gruppen – genannt Taxa – (Stamm, Klasse, Ordnung, Familie, Gattung, Art) verwendet und mit lateinischen oder latinisierten Namen versehen, die ihre wissenschaftliche Bezeichnung darstellen. Die Taxa auf der Ebene der Art erhalten Doppelnamen, die aus dem Gattungsnamen (großgeschrieben) und dem nachfolgenden Artnamen (kleingeschrieben) bestehen (binäre Nomenklatur). Die Namen für alle restlichen Taxa bestehen aus jeweils einem Wort. Wenn Unterarten einer Art existieren, werden sie durch Anhängen eines dritten Namens bezeichnet. Meist werden diese wissenschaftlichen Namen durch kursive Schreibweise, z.T. durch Unterstreichen, hervorgehoben. Im allgemeinen folgt auf den Artnamen auch der Name des Autors, der die Art als erster beschrieben hat, und das Jahr der Veröffentlichung.

Zwei wichtige Hauptprinzipien werden von der Taxonomie angewendet:

- *Normalismus.* Es wird ein System mit Bezeichnungen für jedes Taxon aufgestellt, das auf einer Gleichstellung oder Unterordnung in den taxonomischen Gruppen beruht. So gibt es Taxa, die auf der Ebene der Familie, der Gattung oder der Art gleichgestellt sind. Innerhalb jeder dieser Ebenen sind die Taxa wieder in Gruppen geordnet, die wiederum unterteilt werden können. Andererseits gibt es eine hierarchische Ordnung, in der beispielsweise eine Ordnung mehrere Familien einschließt, jede Familie mehrere Gattungen und jede Gattung mehrere Arten umfassen kann.

- *Bildung von Typen.* Die Beschreibung einer neuen Art muß auf vielen Einzelexemplaren beruhen, die der Forscher untersucht und als identisch eingestuft hat. Von diesen sogenannten Syntypen wird eines, der Holotypus, als typisches Exemplar der Art aufbewahrt. Der Artname wird erst dann anerkannt, wenn eine wissenschaftliche Veröffentlichung existiert. Mit diesen Regeln wird verhindert, daß verschiedene Entdecker unabhängig voneinander der gleichen Art verschiedene Namen geben (Synonym) oder ein gleichlautender Name für verschiedene Arten vergeben wird (Homonym).

KLASSIFIKATION

Es gibt zwei Systeme zur Einordnung der Taxa:

- *Das künstliche System.* Die Individuen werden von einem Forscher nach ausgewählten Eigenschaften in Gruppen eingeordnet. Dies ist das ursprünglich verwendete System.

- *Das natürliche System.* Die Einheiten werden aufgrund ihrer Verwandtschaft und allgemeinen Eigenheiten zugeordnet. Dies ist das heute gültige wissenschaftliche System, das besonders die Stammesgeschichte der Tiere zur Einordnung benutzt.

Die ersten bekannten Einteilungen der Tiere erschienen in Indien im 5. Jahrhundert vor Christus. Danach beschrieb Aristoteles (4. Jahrhundert vor Christus) eine Klassifikation, die beispielhaft für seine Zeit war und 2000 Jahre vorherrschte. Darin wurden die Tiere in Enaima (mit Blut) und Anaima (ohne Blut) eingeteilt, was etwa unserer heutigen Einteilung in Wirbeltiere und Wirbellose entspricht. Nach Aristoteles gab es einige Forscher, die sehr künstliche Systeme aufstellten, darunter Plinius (1. Jahrhundert n. Chr.) oder der Heilige Isidor von Sevilla (6./7. Jahrhundert), bis Ray (7./8. Jahrhundert) eine Klassifikation etablierte, die dem System von Aristoteles ähnlich war und auf anatomischen Merkmale beruhte. Danach folgten die Klassifikationen verschiedener Forscher: Linné (18. Jahrhundert), dessen System lückenhaft war, aber als erstes noch heute gültige Tiergruppen enthielt; Buffon (18. Jahrhundert), der eine mögliche Evolution der Arten intuitiv beschrieb; Lamarck (18/19. Jahrhundert), der als erster eine stammesgeschichtliche Klassifikation einführte, die aber viele falsche Vorstellungen enthielt; und die Klassifikation Cuviers (18/19. Jahrhundert), in der Konzepte über die Typen und Organisationsformen der Tiere auftauchten (z.B. Wirbeltiere, Weichtiere, Gliedertiere, Wurmartige und sogenannte Radiata). Seine Klassifikation hielt bis zur Veröffentlichung der Hypothesen von Darwin. Seit Darwin (19. Jahrhundert) werden folgende Bezeichnungen für Tiergruppen anerkannt: Protozoa (Einzellige Tiere), Schwämme, Coelenterata (Hohltiere), Würmer, Arthropoden (Gliederfüßler), Mollusken (Weichtiere), Echinodermata (Stachelhäuter), Vertebrata (Wirbeltiere). Später führte Haeckel (19./20. Jahrhundert) seine Vorstellungen zu den Coelenterata und den Coelomata (Tiere, die eine sekundäre Leibeshöhle ausbilden) ein und begründete mit seiner vorrausschauenden Klassifikation die Gruppe der Urchordata (Manteltiere).

Die heutige Klassifikation beruht auf den Vorstellungen des 19. Jahrhunderts und berücksichtigt das heutige Wissen um die Morphologie (Körperbau) und die Embryonalentwicklung der Arten.

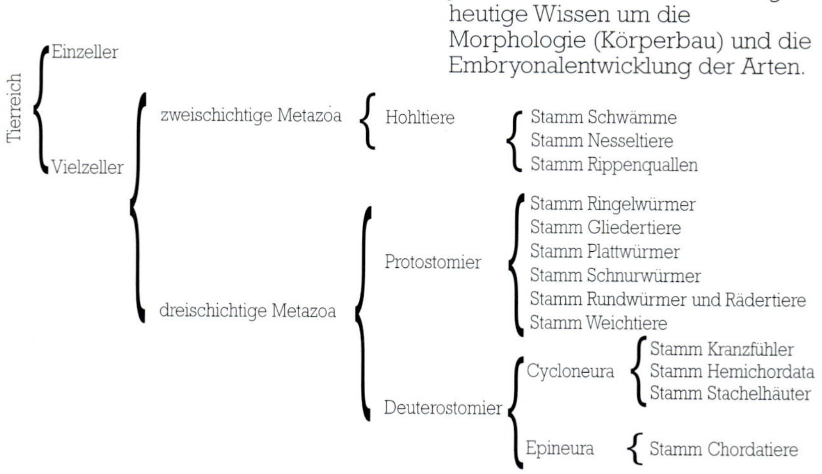

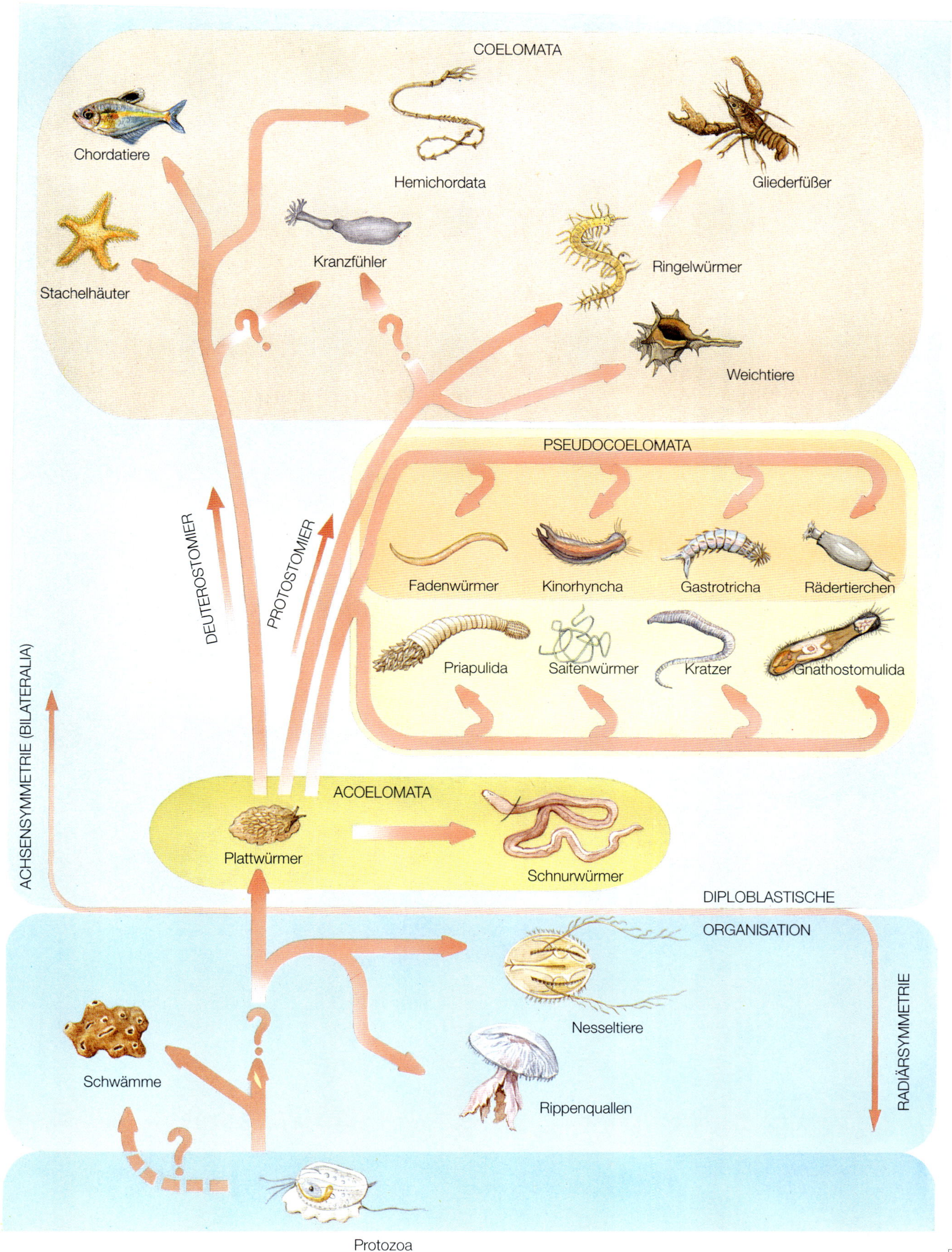

Abb. 3. Stammbaum der wichtigsten zoologischen Stämme der Wirbellosen.

Allgemeine Merkmale. Klassifikation

Die Protozoa sind Lebewesen, die als einzelne Zellen oder in Zellverbänden auftreten, in denen alle Zellen die Fähigkeit besitzen, neue Individuen hervorzubringen (Totipotenz). Ihre Größe kann von 2 millionstel Meter (µm) bis zu mehr als 1 Millimeter betragen, wobei die meisten 20 bis 40 µm groß sind. Auch die Einzeller, die mehr als einen Zellkern aufweisen (sogenannte polyenergide Zellen) werden zu den Protozoa gezählt. Diese Zellen haben häufig eine überdurchschnittliche Größe und entstehen entweder durch Verschmelzung von Zellen (Syncytium) oder dadurch, daß der Zellkern sich häufiger teilt als die Zelle (Plasmodien). Manchmal bilden sich Zellkolonien, in denen zum Teil Zellen mit unterschiedlichem Aussehen auftreten.

Die Zellformen von Protozoen sind sehr vielfältig, obwohl die eiförmige am häufigsten ist. Bei den Arten mit verfestigter Zellwand (Pellikula), Panzer oder Schalen sind die Umrisse im Gegensatz zu den nackten Arten stabil. Die Zellen der Protozoen haben zwei Pole: einen vegetativen und einen animalen Pol. In der Regel weisen sie alle typischen Organellen im Cytoplasma auf. Nur die Wimperntierchen und Foraminifera haben eine Besonderheit im Bezug auf ihren Zellkern, der als Paar auftritt (Makro- und Mikronucleus). Hervorzuheben sind die zahlreichen Zelleinschlüsse mit Reservestoffen, die aus langkettigen Zuckern (z.B. Glycogen), Fetten oder Eiweißen (z.B. Volutin) bestehen können. Die Ausscheidung der Abfallstoffe, überwiegend Ammoniak, erfolgt über pulsierende Vakuolen oder aber durch direkte Diffusion aus der Zelle. Die Beweglichkeit der Protozoen verdanken sie verschiedenen Mechanismen: den Pseudopodien, die Fortsätze der Zellmembran mit unterschiedlichem Aussehen darstellen (Rhizopodien, Filopodien, Axopodien, Lobopodien), oder zahlreichen, kurzen Wimpern bzw. wenigen, aber dafür längeren Geißeln (Abb. 4).

Die Fortpflanzung der Protozoen kann auf verschiedene Weisen erfolgen:

- *Ungeschlechtlich,* über Zweiteilung, Vielteilung, Knospung oder Sporenbildung: im letzteren Fall ergeben sich daraus Überdauerungsformen (Sporen), die unterschiedlicher Art sein können (Zoosporen, Chlamydosporen, usw.).

- *Geschlechtlich,* falls eine Befruchtung über gleichartige (Isogamie) oder ungleiche Geschlechtszellen erfolgt (Anisogamie).

In Bezug auf den Zellzyklus treten bei den Protozoen drei Typen auf: Haplonten, Diplonten und Haplodiplonten. Die Lebensformen der Protozoen sind sehr vielfältig. Es gibt die Gruppe der Phytoflagellaten, die Chloroplasten besitzen und sich damit autotroph ernähren können. Außerdem besitzen sie Körner aus Stärke und Paramylon als Kohlenhydrat-Reserven. Aufgrund dieser Merkmale werden sie systematisch in das Pflanzenreich eingeordnet. Zu dieser Gruppe, die auch zu den Algen gezählt wird, gehören die Dinoflagellaten, Chrysophyceae, Kalkflagellaten, Euglenophyceae (Abb. 6 A) und die Kryptomonadina. Die Labyrintulinae sind nahe den Pilzen einzuordnen.

Die übrigen Protozoen, die keine photosynthetischen Pigmente besitzen, ernähren sich heterotroph durch Nahrungsaufnahme von löslichen Stoffen über die Zellmembran oder über die Phagozytose von festen Nahrungsteilchen. Dabei wandern die Nahrungsteilchen in Membranen eingeschlossen als Verdauungsvakuolen durch die Zelle. Diese Protozoen zählen zum Reich der Tiere. Sie können als Schmarotzer oder als freilebende Arten auftreten. Zu dieser Gruppe gehören die Zooflagellaten (Abb.6 C), die Wurzelfüßer (Abb. 6 D), und im weitesten Sinne die Schleimpilze, die Sporentierchen und die Wimpertierchen (Abb. 6 B). Die Systematik der Protozoen ist in nachfolgender Übersicht dargestellt.

Flagellata (Geißeltierchen)
- *Phytoflagellata*
  - Stamm der Dinoflagellata
  - Stamm der Chrysophyta
  - Stamm der Haptophyta
  - Stamm der Euglenophyta
  - Stamm der Kryptophyta
  - Stamm der Laberintulomyceten

Zooflagellata
- Stamm der Zoomastigina
  - Klasse der Opalinida
  - Klasse der Choanoflagellata
  - Klasse der Kinetoplastiden
  - Klasse der Parabasaliden

Rhizopoda (Wurzelfüßer)
- Stamm der Rhizopoda
- Stamm der Actinopoda
  - Klasse der Heliozoa (Sonnentierchen)
  - Klasse der Radiolaria
  - Klasse der Acantaria
- Stamm der Foraminifera

Sporozoa (Sporentierchen)
- Stamm der Sporozoa
  - Klasse der Coccidiomorpha
  - Klasse der Gregarinidomorpha
- Stamm der Cnidosporida

Mycetozoa
- Stamm der Schleimpilze

Ciliophora (Wimpertierchen)
- Stamm der Ciliophora
  - Klasse der Ciliata (Wimpertierchen)
  - Klasse der Suctoria (Sauginfusorien)

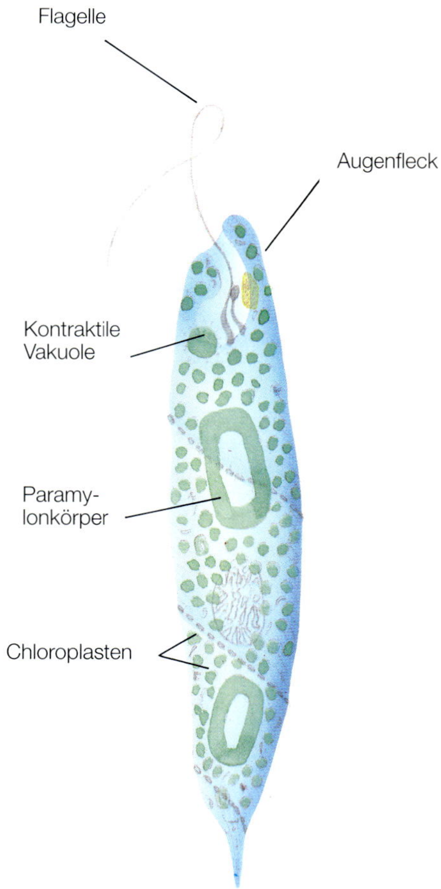

A) Euglena (Phitomastigophora)

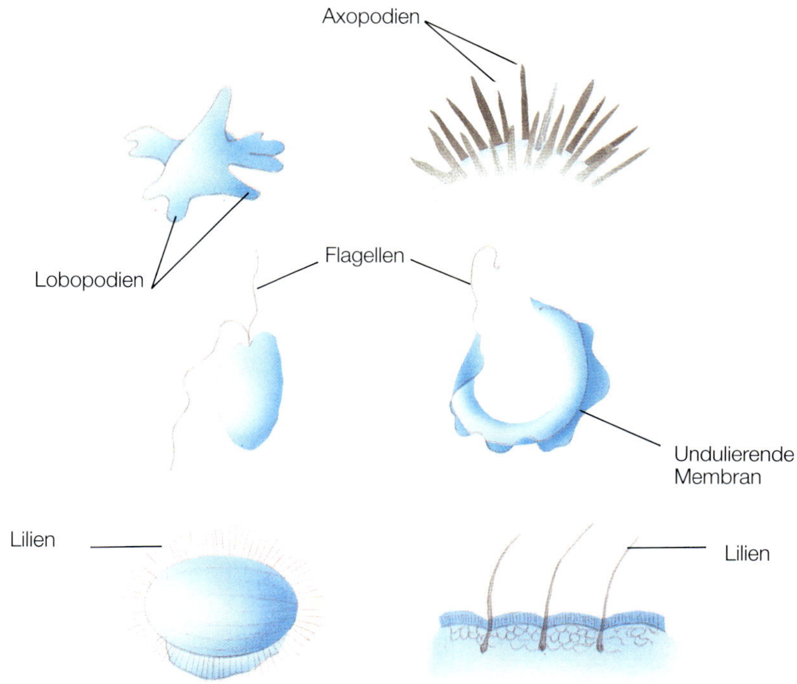

Abb. 4. Der Fortbewegung dienende Strukturen.

Abb. 5. Schnitt durch eine Lilie oder Flagelle.

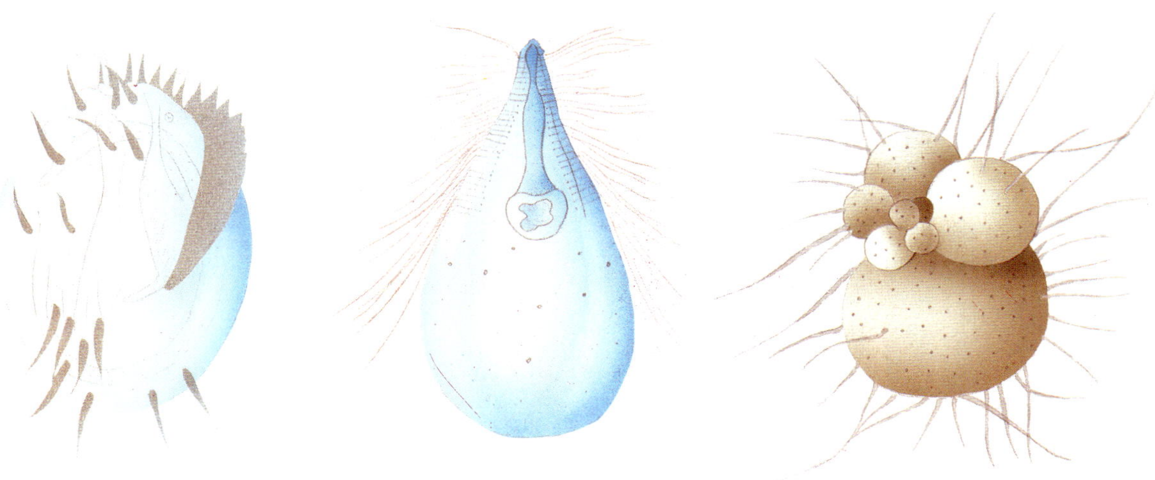

B) Euplotes (Ciliata)

C) Trichonympha (Zoomastigophora)

D) Globigerina (Rhizopoda)

Abb. 6. Protozoen: Einige typische Beispiele.

Allgemeine Merkmale. Schwämme und Hohltiere

Zu den Metazoa zählt man alle Tiere, deren Körper aus somatischen (2n) und generativen Zellen (n, aufgrund der Meiose) aufgebaut sind. Diese Zellen haben somit ihre Totipotenz verloren und eine Spezialisation vollzogen.

Als zweischichtig bezeichnet man die Metazoa, deren Körper aus zwei Keimblättern des Embryos (Ektoderm und Entoderm) hervorgeht.

Zu dieser Gruppe gehören die Schwämme (Porifera) und die Hohltiere (Cnidaria und Ctenophora).

SCHWÄMME

Die Schwämme sind zweischichtige Metazoa mit einer Mesogloea genannten Schicht zwischen Innen- und Außenwand. Diese Schicht besteht aus verschiedenen Zelltypen, die keinen festen Gewebeverband bilden. Es fehlt ihnen ein Verdauungsraum sowie ausdifferenzierte Muskel- und Nervenelemente.

Ihre meist urnenförmige Gestalt hat entweder keine oder eine radiale Symmetrie. Die Körperwand ist mit Einlaßporen durchsetzt, die zu einer Körperhöhle, dem Spongiocoel, führen. Dieser Hohlraum ist mit Kragengeißelzellen, den Choanocyten, ausgekleidet, die begeißelt sind, eine trichterförmige Gestalt haben und gallertartige Fortsätze tragen (Abb. 7). Die Aufgabe der Choanocyten ist es, die Nahrung durch Phagozytose aufzunehmen. Das über die Einlaßporen einströmende Wasser tritt über eine Hauptkörperöffnung an der Oberseite, dem Osculum, wieder aus. Diese Wasserströmung übernimmt die Versorgung mit Sauerstoff und Nährstoffen und führt Abfallstoffe ab.

Zwischen der Epidermis und der Schicht aus Choanocyten befindet sich die Mesogloea. Sie enthält Amöbocyten (unterschiedliche Typen von freien Zellen) und Spiculae (die das Innenskelett bilden). Die Spiculae sind mineralische Gebilde, die bei den Kalkschwämmen aus Calciumcarbonat und bei den Kieselschwämmen aus Silikat bestehen (Abb. 8). Ein weiterer Typ des Innenskeletts besteht aus einer organischen Faser, dem Spongin, dessen Filamente ein Geflecht bilden.

Die Schwämme weisen sowohl geschlechtliche als auch ungeschlechtliche Vermehrung auf. Die ungeschlechtliche Vermehrung erfolgt über Knospung. Als Besonderheit treten bei allen Süßwasserschwämmen Knospen im Körperinneren auf, sogenannte Gemmulae, die das Überleben in ungünstigen Perioden ermöglichen. Auch Regenerationsvorgänge sind bekannt und werden zur Kultivierung von Badeschwämmen eingesetzt. Bei der geschlechtlichen Vermehrung entwickeln sich die Geschlechtszellen entweder im gesamten oder in einem bestimmten Teil des Körpers. Es kommt allerdings nicht zur Bildung echter Geschlechtsdrüsen. Bei der meist inneren Befruchtung gelangen die Samenzellen in die flagellenbesetzten Kammern, werden von den Choanocyten umschlossen und zur Eizelle transportiert.

Die Entwicklung verläuft immer indirekt über ein Larvenstadium, der Amphiblastula (bei Kalkschwämmen) oder der Parenchymella (bei allen restlichen Schwämmen).

Aufgrund der komplizierten Röhrenstrukturen der Schwämme werden 3 Organisationstypen unterschieden, der Ascon-, Sicon- und Leucontyp (Abb. 9).

Hohltiere

Die Hohltiere sind wie die Schwämme zweischichtige Metazoen, besitzen aber bereits Muskel und Nervengewebe und einen Verdauungstrakt. Im Gegensatz zu den Schwämmen werden bei den Hohltieren Organe ausgebildet. Zwischen den Zellen des Entoderms und denen des Ektoderms weisen sie eine meist zellfreie Schicht, die Mesogloea auf. Die Organisation entspricht der einer Gastrula.

Charakteristisch für die Hohltiere sind die Nesselzellen (sog. Cnidien oder Nematocyten), die zum Beutefang eingesetzt werden. In ihnen herrscht ein Innendruck bis zu 150 bar. Bei Reizung der Zellen wird ein Schlauch bis auf mehrere mm länge ausgestülpt und durch ihn Gifte in Beutetiere injiziert. Einige dieser Gifte, vor allem auf der Südhalbkugel, können auch für den Menschen gefährlich werden. Um den Mund tragen Hohltiere kranzförmige Tentakeln, an denen die Nesselzellen sitzen. Sie besitzen keinen After, keine Exkretionsorgane und Atmungsorgane. Das Nervensystem ist diffus und bildet kein Zentralnervensystem. Manche Arten können optische Organe und Gleichgewichtsorgane ausbilden. Sie können solitär oder in Kolonien leben. Die Hohltiere kommen in zwei Organisationsstufen vor, den Polypen und den Medusen (Quallen).

Polypen

Sie sind einfacher organisiert als die Medusen. Sie sind röhrenförmig und sessil. Die dem Mund entgegengesetzte Körperseite ist als Fuß ausgebildet. Der Verdauungstrakt kann durch Septen unterteilt sein (Anthozoa) oder ungeteilt sein (Hydrozoa). Kolonien entstehen durch ungeschlechtliche Vermehrung (Knospung), bei der die Tiere miteinander verbunden bleiben.

Medusen

Sie sind pelagisch, das heißt sie leben im freiem Wasser. Sie besitzen daher keine Fußscheibe. Ihre Mesogloea ist gallertreich und läßt den Körper glockenförmig auftreiben. In schwimmender Stellung ist der Mund unten angeordnet. Durch ihre freie Lebensweise sind bei ihnen Augen und Statocysten als Gleichgewichtsorgane verbreitet. Schwimmen können Medusen durch rhythmisches Zusammenziehen des Glockenrandes.

Bei den Hohltieren wechseln sich geschlechtliche und ungeschlechtliche Generationen ab. Durch Knospung entstehen aus den Polypen Medusen. Die Medusen bilden Gonaden aus und bringen geschlechtlich die Planula-Larve. Diese setzt sich am Untergrund fest und bildet den Polypen. Bei vielen Hohltieren ist eine der beiden Generationen reduziert. So bringen die Anthozoen nur Polypen hervor, die Scyphozoen meist nur Medusen.

Die Hohltiere haben durch die riffbildenden Korallen für die Meere große Bedeutung.

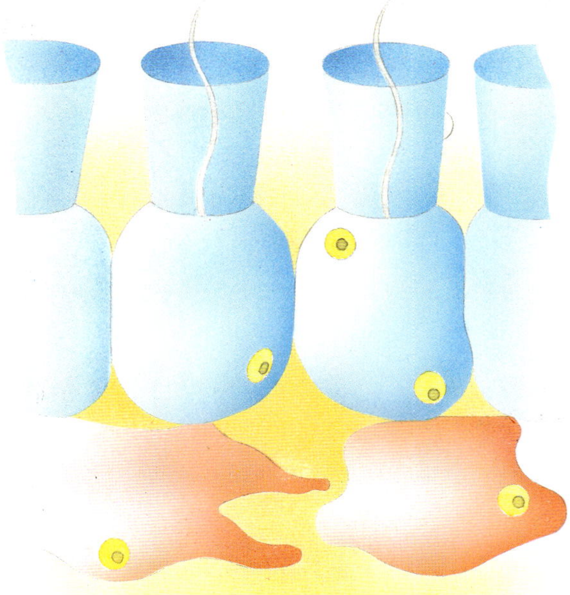

Abb. 7. Detailzeichnung der Choanocyten.

Abb. 8. Verschiedene Spicula-Typen.

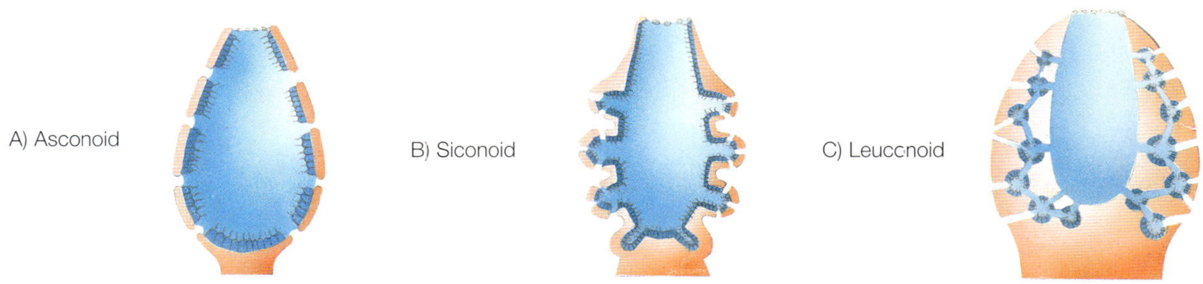

Abb. 9. Organisationstypen.

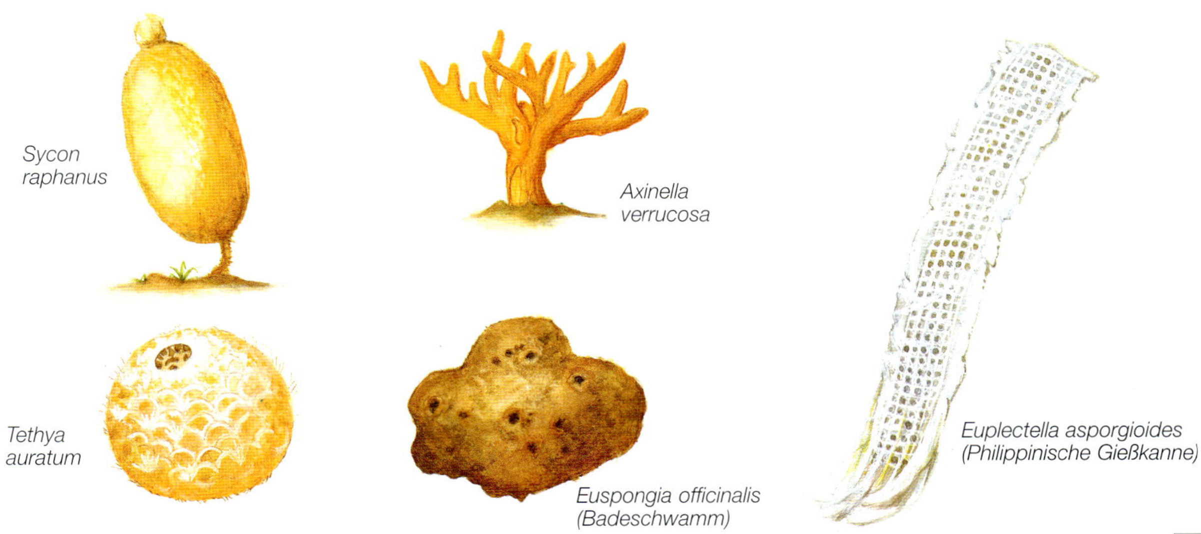

Abb. 10. Einige der häufigen (bekannten) Schwämme.

Allgemeine Charakteristiken. Bildung des Urmundes

Als dreischichtig werden die Tiergruppen bezeichnet, die im Verlauf ihrer Embryonalentwicklung ein drittes Keimblatt, das Mesoderm, bilden. Dieses Keimblatt umschließt eine oder mehrere Leibeshöhlen, die Coelom genannt werden. Letzteres ist der Grund dafür, daß diese Tiergruppen auch als Coelomata bezeichnet werden. Das dritte Keimblatt entwickelt sich entweder aus Zellen des Entoderms oder aus anderen Zellen in der Nähe des Urmundes.

Prinzipiell ist das Coelom für zahlreiche Funktionen verantwortlich oder an ihnen beteiligt. Die wichtigsten sind:

- *Skelettfunktion.* Das Coelom ist mehr oder minder mit Körperflüssigkeit gefüllt und hat daher eine stützende Wirkung. Es bildet das sogenannte Hydroskelett.

- *Verdauungsfunktion.* Die Flüssigkeit im Coelom enthält Nahrungspartikel und verschiedene Amöben-ähnliche Zellen, die zur Phagozytose fähig sind. Wenn das Coelom diese Aufgabe übernimmt, nennt man es auch Trophocoel.

- *Ausscheidungsfunktion.* Falls im Coelom Nephrozyten auftreten, die durch Phagozytose die Abfallstoffe des Stoffwechsels aufnehmen und beseitigen, bezeichnet man es als Nephrocoel.

- *Speicherfunktion* für Keimzellen. Die Keimdrüsen werden, wie das Coelom, aus dem Mesoderm gebildet. Bei den Tieren, die sehr einfach aufgebaut sind und keine Ausführgänge für ihre Keimzellen besitzen, werden diese Zellen im Coelom aufbewahrt (Gonocoel).

Eine anderes typisches Merkmal der Coelomata ist die Art, in der sie während der Embryonalentwicklung den Verdauungsgang ausbilden. Der Verdauungsraum erhält die Form einer Röhre mit zwei Öffnungen, die als Mund und After bezeichnet werden. Die Art, wie jeweils der Mund entsteht, teilt die Coelomata in zwei verschiedene Gruppen. Bei den Protostomiern ist der Mund ein Rest des Urmundes. Bei der Gruppe der Deuterostomier wird der Mund neu gebildet. Die Unterscheidung der Protostomier und Deuterostomier ist daher stark damit verknüpft, wie der Urmund im Verlauf der Entwicklung des Embryos wieder verschlossen wird. Typische Vertreter der Protostomier sind die Ringelwürmer, Gliederfüßer und die Weichtiere, während die Stachelhäuter typische Beispiele für die Deuterostomier sind.

Die Vorgänge, die bei den Wirbellosen zum Verschluß des Urmundes führen, sind

1. Durch die Verlängerung einer der Oberflächen des Embryos geht der Urmund in eine Furche über. Der Embryo wird dadurch achsensymmetrisch. Im Anschluß daran verbleibt eine Naht auf der ventralen Seite. Beim Verwachsen der Naht verbleiben zwei Öffnungen als Mund und After zurück. Sie sind somit Reste des Urmundes. Im weiteren Verlauf wächst die Körpervorderseite stärker als die Rückseite, so daß der Verdauungskanal gestreckt wird und seine Öffnungen (Mund und After) in eine apikale Position wandern. Schließlich stülpen sich an den Öffnungen Teile des äußeren Keimblattes ein und bilden das Stomodaeum (Mundhöhle, Schlund) und das Proktodaeum (Enddarm). Dieser Prozeß ist eng mit den Protostomiern und mit der Lage des Nervensystems verbunden, das bei ihnen auf der Bauchseite liegt (ventral).

Alle Protostomier weisen eine spiralförmige Furchung während der Embryonalentwicklung auf, weshalb sie auch Spiralia genannt werden.

2. Bei diesem Prozeß gibt es keine Verlängerung des Embryos, sondern es formt sich eine Furche auf dem oberen Pol der Gastrula. Diese Furche verbindet sich mit dem Enteron, der aus dem Archenteron stammt. Der Urmund wird zum After und der Mund wird neu gebildet.

Dieser Prozeß tritt bei den Deuterostomiern auf, die eine kreisförmige Anordnung ihres Nervensystems um den Verdauungstrakt herum aufweisen (Cycloneure). Sie werden aufgrund der radialen Zellteilungsmuster bei der Eifurchung auch Radiata genannt.

Die Merkmale, welche die oben genannten Prozesse zur Bildung des Verdauungskanals begleiten, werden bei manchen Arten nicht ausgebildet. So gibt es bestimmte Protostomier, die nicht die für ihre Gruppe typische Embryonalentwicklung aufweisen (Gordius, Eunice kobiensis). Einige Vertreter der Deuterostomier dagegen durchlaufen eine Spiralfurchung (Phoronopsis viridis) einschließlich einer schizocoelen Bildung des Mesoderms.

Diese Ausnahmen machen keinesfalls die Unterscheidung zwischen Deuterostomiern und Protostomiern ungültig; die Arten, welche den Charakter von Zwischenformen haben, sind stammesgeschichtlich sehr wertvoll.

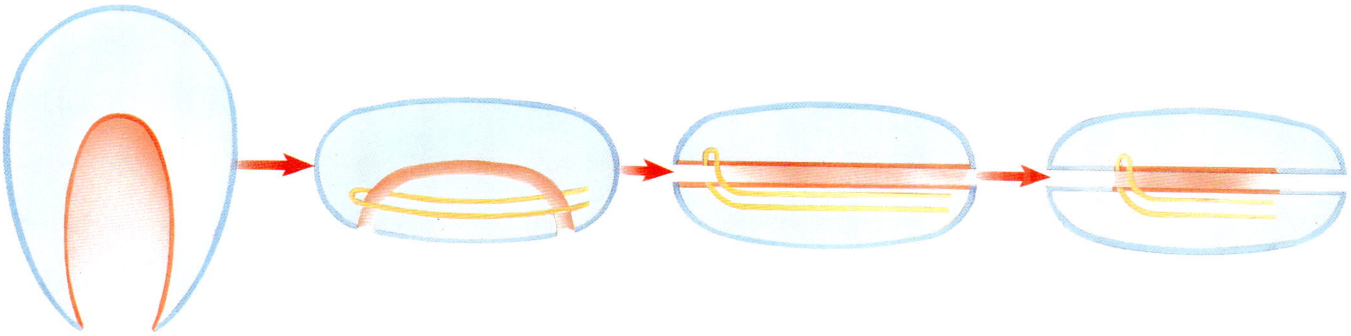

A_1. Querschnitt durch die Gastrula.

A_6. Verdauungskanal und Nervensystem (Seitenansicht).

A_7. Streckung des Verdauungskanales (Seitenansicht).

A_8. Einstülpungen des Ektoderms bilden Schlund und Enddarm.

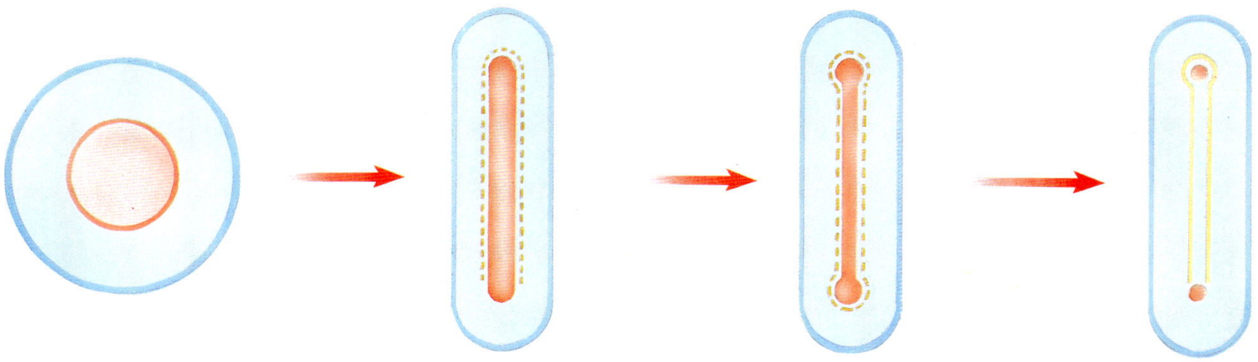

A_2. Ventralansicht der Gastrula.

A_3. Einleitung des Prozesses durch Verlängerung des Urmundes (Ventralansicht).

A_4. Verwachsen der Ventralseite des Kanals unter gleichzeitiger Bildung des Mundes und des Afters (Ventralansicht).

A_5. Ende der ventralen Verwachsung (Ventralansicht).

A. Bildungstyp der Protostomier. Man beachte die Lage der Elemente des Nervensystems.

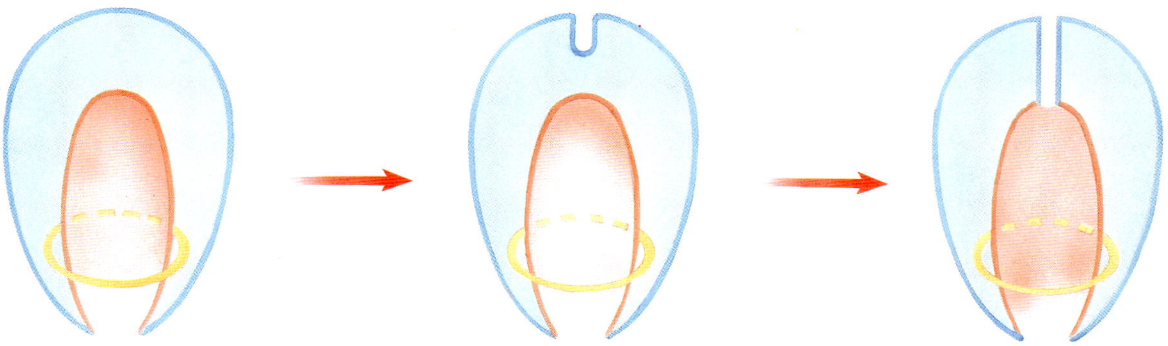

B_1. Längsschnitt durch die Gastrula.

B_2. Beginnende Einstülpung des oberen Pols.

B_3. Durchbruch der Mundöffnung.

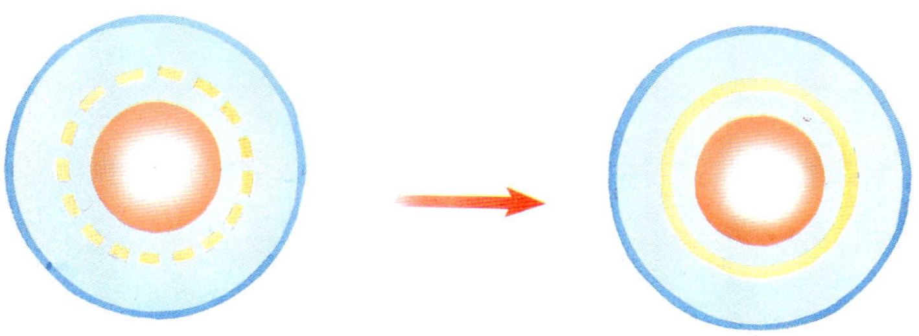

B_4. Ventralansicht der Gastrula.

B_5. Ventralansicht, in der der After erkennbar wird.

B). Bildungstyp der Deuterostomier. Man beachte die Position des Nervensystems.

Abb. 11. Vorgänge zum Verschluß des Urmundes bei den Wirbellosen.

Allgemeine Merkmale

Die Ringelwürmer sind tierische Vielzeller aus der Gruppe der Protostomier. Ihr wurmförmiger Körper ist aus vielen gleichartigen, ringförmigen Abschnitten zusammengesetzt, die man Somiten nennt. Diese äußerliche Segmentierung zeigt sich auch in ihrem inneren Aufbau. Ihr langgestreckter Körper ist achsensymmetrisch und kann in drei Hauptabschnitte unterteilt werden: die Kopfregion, die Prosoma genannt wird, das Metasoma (Körpermitte) und das Opisthosoma (Körperende). Eine Besonderheit ist, daß die Unterteilung in gleichförmige Abschnitte nach der Ausbildung des Prosomas und des Opisthosomas beginnt. Die Länge des Wurms nimmt dann mit steigender Anzahl der ringförmigen Segmente zu.

Der Körper ist von einer feuchten und dünnen Cuticula bedeckt, die von den Hautzellen ausgeschieden wird, und Drüsen- sowie Sinneszellen beherbergt. Auf ihrer Körperoberfläche besitzen sie Borsten, deren Anzahl pro Somit bei den verschiedenen Gruppen schwankt. Bei manchen Arten können sie sogar ganz fehlen.

Der Darm ist röhrenförmig und durchzieht den Körper vom Mund bis zum After. Das Kreislaufsystem ist geschlossen und besteht aus zwei großen Gefäßen, die in jedem Somiten Seitenäste bilden. Die Vielborster haben typischerweise eine Hautatmung, obwohl einige schlammbewohnende Arten auch eine Kiemenatmung aufweisen können. Das Ausscheidungssystem wird aus zwei Ausscheidungsorganen (Nephridien) pro Somit gebildet. Das Nervensystem besteht aus einem paarigem Gehirn (Cerebralganglion), von dem aus zwei Nervenstränge auf der Bauchseite den Körper durchziehen. Es wird als Strickleiternervensystem bezeichnet, weil in jedem Somiten beide Nervenstränge jeweils eine knotenartige Ansammlung von Nervenzellen bilden (Ganglien), die beide Einzelstränge miteinander verbinden. Sie besitzen verschiedene Sinnesorgane zur Wahrnehmung von Tast-, Geschmacks- und Lichtreizen. Sie können Zwitter oder getrenntgeschlechtlich sein. Ihre Entwicklung kann je nach Gruppe direkt oder über Larvenstadien verlaufen. Manche pflanzen sich ungeschlechtlich über Sprossung fort. Stammesgeschichtlich stehen die Ringelwürmer den Weichtieren und den Gliederfüßern nahe; die Klasse der Onychophora ist eine Gruppe der Gliederfüßer, die ursprüngliche Merkmale aufweist und als ein Bindeglied zu den Ringelwürmern angesehen wird.

Die Ringelwürmer können zwischen 1 Millimeter und 2 Metern (bei Riesen-Erdwürmern in Brasilien oder in Australien) lang sein. Ihre Lebensräume sind im Meer, im Süßwasser oder in feuchtem Boden. Es gibt unter ihnen neben den freilebenden Arten auch solche, die als ständige Begleiter von anderen Tieren leben, die geschädigt werden (bei Schmarotzern) oder nicht geschädigt werden (Kommensalen). Viele leben in Gängen und Röhren des Bodens und der Sedimente.

Anhand der Anzahl der Borsten werden die Ringelwürmer eingeteilt in:

Klasse	Merkmale
Vielborster	Sand- oder Röhrenbewohner mit vielen Borsten
Wenigborster	Erdwürmer mit wenig Borsten
Egel	fast immer ohne Borsten

KLASSE DER VIELBORSTER

Dies sind Ringelwümer, die einen Kopf mit Sinnesorganen ausbilden und zahlreiche Borsten auf seitlichen Anhängen, den sogenannten Parapodien, aufweisen. Eine tiefer eingesenkte und kräftigere Borste, die Acicula, dient als Skelettelement. Die lappenförmigen Parapodien finden sich nur im Metasoma. Der obere Lappen wird Notopodium, der untere Neuropodium genannt. Die Borsten können sehr unterschiedlich gestaltet sein.

Ein typischer Vertreter für diese Gruppe ist der meeresbewohnende Vielborster Nereis.

Klasse der Wenigborster
Sie besitzen keine, oder zumindest nur sehr kleine Borsten. Die Ausbildung eines mit Sinnesorganen besetzten Kopfes ist weniger ausgeprägt als bei den Vielborstern. Zu dieser Gruppe zählen viele terrestrische Vertreter. Sie leben meist von totem organischem Material und haben als Humusbilder große Bedeutung für die Bodenbeschaffenheit. Zu ihnen gehört der Regenwurm (Lumbricus terrestris).

Klasse der Egel
Die Egel besitzen ebenfalls keine ausgeprägten Borsten, unterscheiden sich von den Wenigborstern jedoch durch das Vorhandensein von Saugnäpfen in der Mundregion und am After. Ihre Segmente sind miteinander verschmolzen, so daß eine einheitliche Körperhöhle entstanden ist. Die Organe sind allerdings segmental angeordnet. Zu den Egeln gehören vor allem räuberische und parasitische Formen, darunter viele blutsaugende Arten, wie der Blutegel (Hirudo medicinalis).

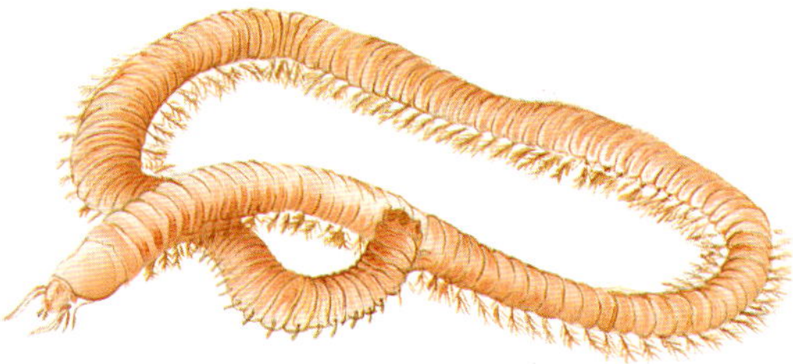

Abb. 12. Äußerer Körperbau von Nereis.

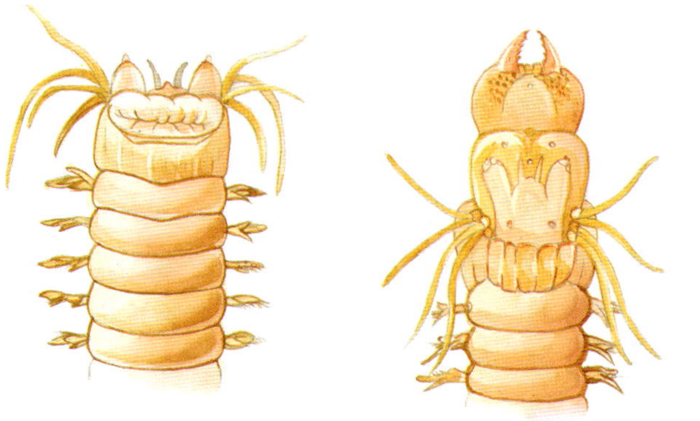

Abb. 13. Kopfregion von Nereis.

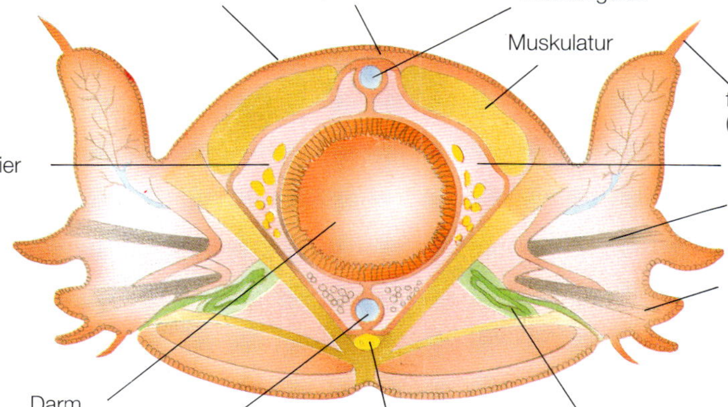

Abb. 14. Querschnitt von Nereis.

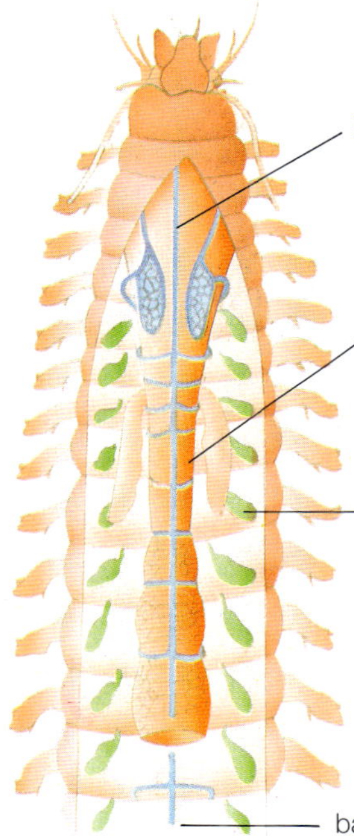

Abb. 15. Innere Anatomie von Nereis.

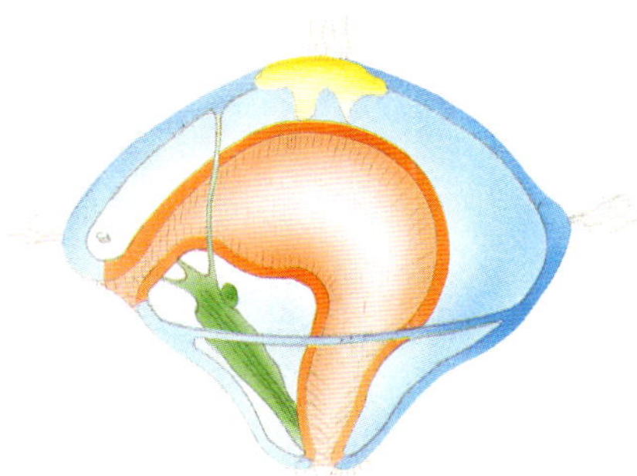

Abb. 16. Trochophora-Larve.

Abb. 17. Weitere Vielborster.

Allgemeine Merkmale. Klassifizierung

Die Gliederfüßer sind Protostomier, in denen das Coelom auf drei Körperhöhlen reduziert worden ist, die das Herz, den Darm und das Nervensystem umschließen. Damit verbunden wird aus dem Schizocoel die Hauptkörperhöhle, die als Hämocoel bezeichnet wird, da in ihr die Körperflüssigkeit zirkuliert (Abb. 18). Ihr Körper ist in ungleiche Segmente untergliedert, die sich gruppenweise zu größeren funktionellen Einheiten, den Tagmata, zusammenschließen. Diese Tagmata bilden die Hauptabschnitte des Körpers, also Kopf, Brust und Hinterleib. Ihre Gestalt und Struktur kann sehr verschieden sein, da sie aus einer unterschiedlichen Anzahl von Segmenten gebildet werden. Dies führt manchmal dazu, daß die Herleitung und der Vergleich von Tagmata verschiedener Arten sehr schwierig ist (Abb. 23).

Sie besitzen eine für diese Tierart typische Cuticula aus Chitin und Proteinen, die von der Epidermis ausgeschieden werden. (Abb. 19).

Diese Cuticula ist starr. Daher gibt es an den Gelenkstellen weiche Zonen, in denen die Struktur der Cuticula verändert ist. Der starre Chitinpanzer erfordert im Verlauf des Wachstums, daß sich das Tier in bestimmten Abständen häuten muß. Bei manchen Tiergruppen, zum Beispiel den Krebsen, wird die Hülle durch Kalkeinlagerungen zu einem harten Skelett.

Gliederfüßer haben in der Regel pro Segment ein Paar Beine, die aber bei manchen Vertretern im Verlauf der Evolution zurückgebildet oder in ihrer Funktion verändert worden sind. Die Beinanhänge sind aus beweglichen Einzelgliedern zusammengesetzt und können bei manchen Gruppen verzweigt sein (Abb. 22.) Der Nebenzweig wird als Exopodit bezeichnet und vergrößert die atmungsaktive Körperoberfläche; der Hauptzweig (Endopodit), der zur Fortbewegung dient, kommt daher immer vor. Die Muskulatur ist sehr komplex und eng mit dem Außenskelett verbunden, da die Muskellängsfasern an Fortsätzen der Cuticula ansetzen, die ins Körperinnere ragen (Apodeme)(Abb. 20).

Der Darmkanal ist meist langgestreckt. Das Kreislaufsystem hat ein am Rücken verlaufendes kontraktierbares Blutgefäß (Herz), das Blut aus dem umgebenden Herzbeutel gelangt. Dieses Herz weist einige Öffnungen auf (Ostien), durch die das Blut einfließt. Wenn die Cuticula sehr dünn ist, kann die Atmung über die Haut erfolgen. Falls Körperanhänge (Exopodite) daran beteiligt sind, spricht man von einer Kiemenatmung. Die typischen Atmungsorgane der Insekten sind allerdings die Tracheen. Die Ausscheidung erfolgt über Drüsen an den Hüftgliedern, Labien (Lippen), Antennen oder über die sogenannten Malphigischen Gefäße der Insekten. Das Nervensystem (Abb. 21) besteht aus einem Gehirn und einer bauchseitigen Ganglienkette in Strickleiterform, die z.T. durch Verschmelzung von Nervenzentren nicht mehr als solche erkennbar ist. Im Gehirn kann man folgende Teile unterscheiden: Das Protocerebrum, das z.T. zwei pilzförmige Körper (Corpora pedunculata) aufweist, ist für die hochentwickelten Instinktleistungen der staatenbildenden Insekten verantwortlich und beherbergt auch das Sehzentrum. Das Deutocerebrum ist dem ersten Antennenpaar zugeordnet und das Tritocerebrum dem zweiten Antennenpaar oder dem Labrum (Oberlippe). In jedem Segment gibt es ursprünglich ein paariges Nervenzentrum, die aber miteinander verschmelzen können. Die Gliederfüßer besitzen Sinnesorgane, mit denen sie Gerüche und Tastreize wahrnehmen und das Gleichgewicht halten können. Auch unterschiedliche Augentypen kommen vor, die von einfachen Typen bis hin zu den aus vielen Einzelaugen (Ommatidien) zusammengesetzten Facettenaugen reichen.

Die Gliederfüßer sind meist getrenntgeschlechtlich. Es gibt aber auch Zwitter unter ihnen. Der Geschlechtsapparat besteht aus einem Paar Geschlechtsdrüsen, die über eine Genitalpore nach außen münden. Die Paarungsorgane können aus sehr unterschiedlich gestalteten Körperanhängen bestehen. Die Entwicklung verläuft in direkter Form, wie bei den Spinnenartigen, indirekt, wie bei den Krebsen und bei vielen Insekten, über eine Metamorphose.

Die Gliederfüßer stellen 80% der landlebenden Tierarten dar. Von den 1.200.000 bekannten Arten gehören allein 1.000.000 zu den Insekten. Sie können mikroskopisch klein sein oder bis zu 2 Meter Länge erreichen, wie die fossilen Seeskorpione. Im allgemeinen sind sie aber nur einige Zentimeter groß. Ihr Ursprung liegt im Meer, aber sie haben im Laufe der Stammesgeschichte das Süßwasser und das Land erobert. Man vermutet, daß sie einen gemeinsamen Vorfahren mit den Ringelwürmern haben, weil sie sehr große Ähnlichkeiten, darunter das Strickleiternervensystem und die Segmentierung, mit ihnen haben.

Die Klassifikation hat durch die genauere Kenntnis ihrer Merkmale große Fortschritte gemacht. Ausgehend von den ausschließlich fossilen Gruppen können sie in folgende Klassen eingeteilt werden:

Klasse		**Merkmale**
Onychophora Tausendfüßler Insekten	Antennata mit einem Antennenpaar	Antennentragende
Krebse	Diantennata mit zwei Antennenpaaren	
Merostomata Spinnentiere Asselspinnen		(Schwertschwänze und spinnenartige Seeskorpione)

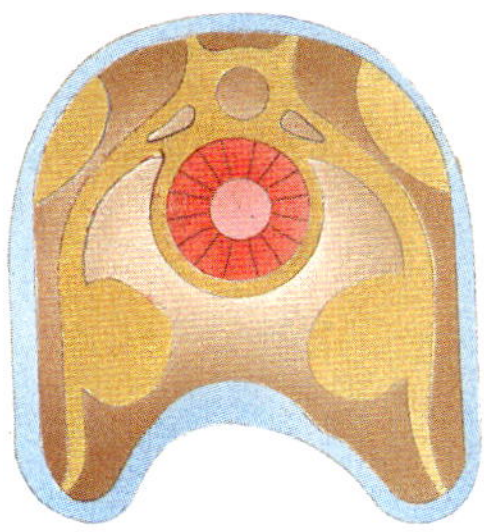

Abb. 18. Querschnitt durch einen Gliederfüßer, in dem die Lage der Räume des Hämocoels deutlich wird.

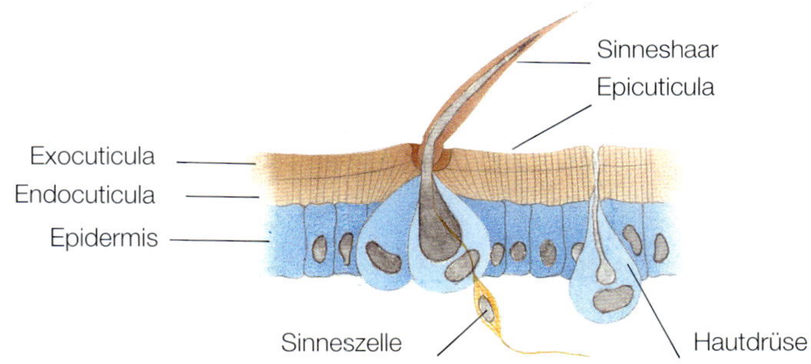

Abb. 19. Aufbau der Körperhülle.

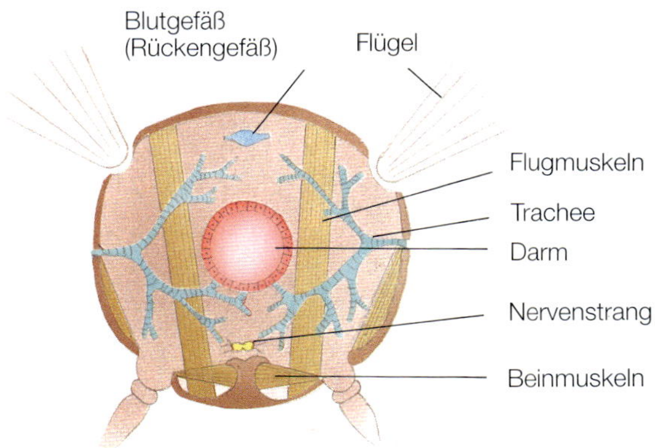

Abb. 20. Lage der Muskelstränge.

Abb. 21. Nervensysteme.

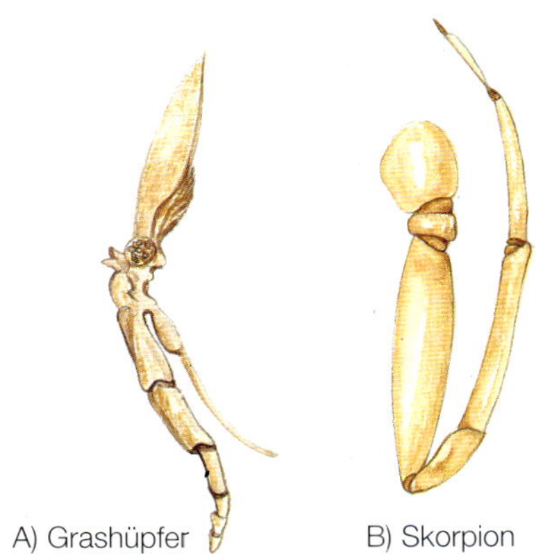

Abb. 22. Verschiedene Typen von Körperanhängen (Beine).

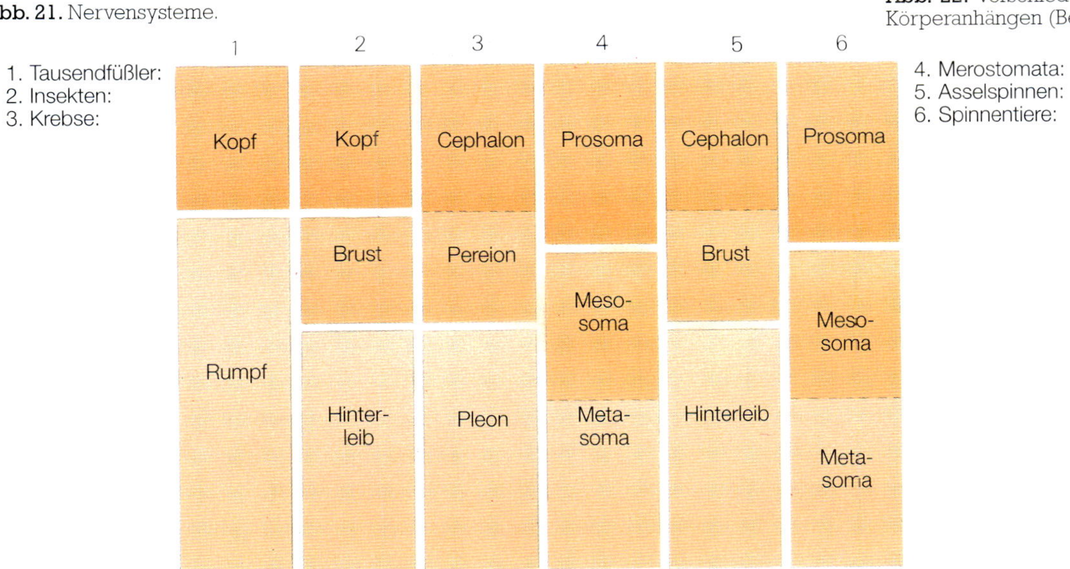

Abb. 23. Schematischer Vergleich der Bildung von Tagmen in den verschiedenen Gruppen der Gliederfüßer.

Allgemeine Merkmale. Strudelwürmer und Saugwürmer

Die Plattwürmer gehören zu den vielzelligen Tieren, die in ihrer Embryonalentwicklung drei Keimblätter ausbilden. Ihr kennzeichnendes Merkmal ist die abgeflachte, achsensymmetrische Köperform. Sie haben einen ausdifferenzierten Kopf und sind mit einer weichen Epidermis bedeckt, die - je nach Tiergruppe – bewimpert oder mit Cuticula oder Saugnäpfen versehen sein kann. Ihre Muskelschichten sind gut ausgebildet und der Coelomraum ist praktisch vollständig vom Bindegewebe ausgefüllt. Falls sie einen Verdauungsapparat besitzen, weist er nur einen Eingang auf (Mundöffnung). Ein Kreislaufsystem fehlt ihnen. Die Atmung erfolgt über ihre Haut und die Ausscheidung über Kanäle, die mit einer Wimpernflamme besetzt im Körper beginnen. Das Nervensystem wird aus einem Netz von Nervenzellen gebildet, die mehr oder weniger als Ansammlungen auftreten. Allerdings fehlen ihnen echte Nervenzentren (Ganglien) oder Nervenbahnen. Sie sind meist Zwitter mit innerer Befruchtung und direkter Entwicklung. Bei einigen Arten tritt eine ungeschlechtliche Vermehrung auf.

Bei ihnen tritt Neotenie auf, d. h., die geschlechtsreifen Tiere behalten die Merkmale des Embryos bei.

Anhand ihres Körperbaus und ihrer Anatomie werden die Plattwürmer in folgende Klassen eingeteilt:

Klasse	Merkmale
Strudelwürmer	freilebend
Saugwürmer	Schmarotzer
Bandwürmer	Schmarotzer und Kommensalen

DIE KLASSE DER STRUDELWÜRMER

Diese Gruppe ist die primitivste der Plattwürmer. Von ihnen werden die anderen Gruppen abgeleitet.

Sie besitzen einen blattartigen, flachen und sehr beweglichen Köper, der von Wimpern bedeckt ist. In der Regel weisen sie jeweils einen Saugnapf am Bauch und am Mund auf. Im Epithel liegen Schleimdrüsenzellen, die die Fortbewegung erleichtern. Die Muskelfasern sind längs- oder ringförmig oder verbinden Bauch- und Rückseite. Der Verdauungsapparat ist unvollständig, mit einem ausstülpbaren Mund auf der Bauchseite und stark verzweigtem Darm. Das Nervensystem besteht aus zwei Hauptsträngen, die jeweils einen Nebenstrang aufweisen, sowie einem Ganglienpaar im Kopf. Als Sinnesorgane treten Pigmentbecheraugen (aus Pigmentbecher und Sinneszellen) und tentakelförmige Anhänge auf.

Sie sind Zwitter. Die männlichen Geschlechtsorgane beinhalten viele kleine, kugelförmige Hoden, einen Zu- und einen Ausführgang, der zum Samenbehälter führt, sowie einen muskulösen Penis, der in einer Genitaltasche hinter der Genitalöffnung liegt. Der weibliche Apparat besteht aus zwei Eierstöcken, zwei Eileitern, Dotterstöcken und einer Scheide, die nahe der Genitalöffnung in die Genitaltasche mündet. In dieser Tasche werden die Samen zwischengelagert, bis sie schließlich in die Samenbehälter gelangen. Die Befruchtung erfolgt bei diesen Zwittern gegenseitig. Die Entwicklung verläuft indirekt über die sogenannte Müllersche Larve (Abb. 25).

Ihre Fähigkeit zur Regeneration ist sehr ausgeprägt. So können aus kleinen Teilstücken ihrer Körper vollständige, neue Tiere mit einer gleichen Symmetrieachse gebildet werden. Falls die Teilstücke sehr klein sind, können auch Mißbildungen mit zwei Köpfen oder zwei Schwänzen auftreten. Teilstücke aus dem Kopfende können sich besser regenerieren, als die aus dem Hinterleib (Abb. 26).

Strudelwürmer kommen weltweit vor (Kosmopoliten) und leben im Meer oder im Süßwasser. Sie meiden das Sonnenlicht und sind daher unter Steinen usw. anzutreffen. Ihre Fortbewegung ist gleitend.

Sie ernähren sich von kleinen Tieren, die sie mit dem Schleim, den sie ausscheiden, einfangen.

Sie sind 1 bis 4 cm lang und können unterschiedliche Färbungen aufweisen. Die Gattung Planaria hat in zahlreichen Versuchen ein sehr gutes Lern- und Erinnerungsvermögen bewiesen.

KLASSE DER SAUGWÜRMER

Sie sind Schmarotzer, die meist Wirbeltiere befallen. Sie haben als ausgewachsene Tiere keine Bewimperung, sondern sind von einer Cuticula bedeckt. Sie ähneln sehr den Strudelwürmern, unterscheiden sich aber stark in ihren Lebenszyklen.

Einer ihrer typischen Vertreter ist der große Leberegel (Fasciola hepatica), der Erreger der Leberfäule bei Schafen. Er besitzt einen flachen Körper mit einer Mittelrippe und gewellten Rändern. An Kopf und Bauch befindet sich je ein Saugnapf, zwischen ihnen die Genitalöffung.

Der innere Aufbau ist dem der Strudelwürmer sehr ähnlich. Der Geschlechtsapparat, der auf der rechten Körperseite liegt, zeigt jedoch bei den paarigen Hoden und dem Eierstock eine stärkere Verzweigung (Abb. 27).

Der große Leberegel ist grau gefärbt und mißt etwa 1 - 2 cm. Er kommt in vielen Gebieten Amerikas und Europas vor und nistet sich in die Leber und Milz von Schafen, gelegentlich auch von anderen Wirbeltieren, ein. Im Verlauf seines Generationswechsels befällt er die Schnecke Lemnea trunculata als Zwischenwirt und lebt in ihrer Lungenhöhle. In diesem Stadium entwickeln sich die Sporocysten, aus denen eine zweite Generation, die sogenannten Redien, entstehen, welche dem erwachsenen Leberegel bereits sehr ähnlich sind. Im Winter vermehren sich die Redien im Zwischenwirt, im Sommer entwickelt sich aus ihnen die 3. Larvenform, die Cercarie. Die Cercarien verlassen die Wasserschnecken und schwimmen zum Gewässerrand, wo sie sich anheften und zur Metacercarie einkapseln. Wenn diese durch weidende Schafe aufgenommen werden, entwickelt sich im Endwirt der erwachsene Leberegel. Durch den Kot der Schafe gelangen die Eier in die Gewässer, aus denen die erste Generation, die Wimpernlarve, schlüpft. Diese kann wieder den Zwischenwirt befallen (Abb. 28).

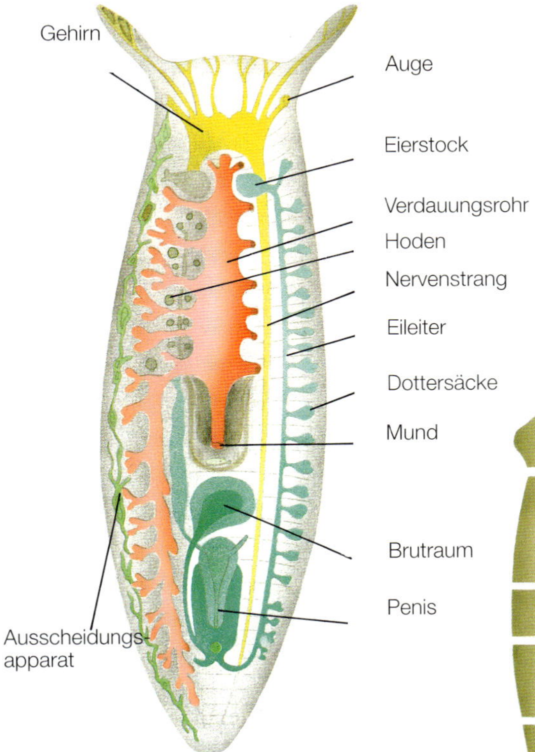

Abb. 24. Innerer Aufbau eines Strudelwurms.

Abb. 25. Müllersche Larve.

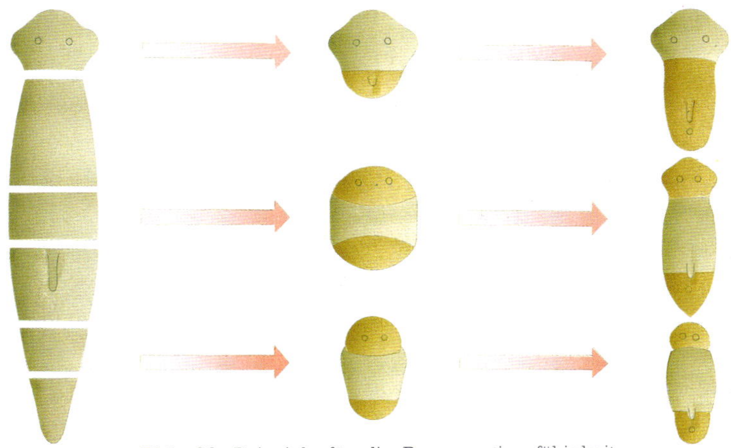

Abb. 26. Beispiele für die Regenerationsfähigkeit von Planarien.

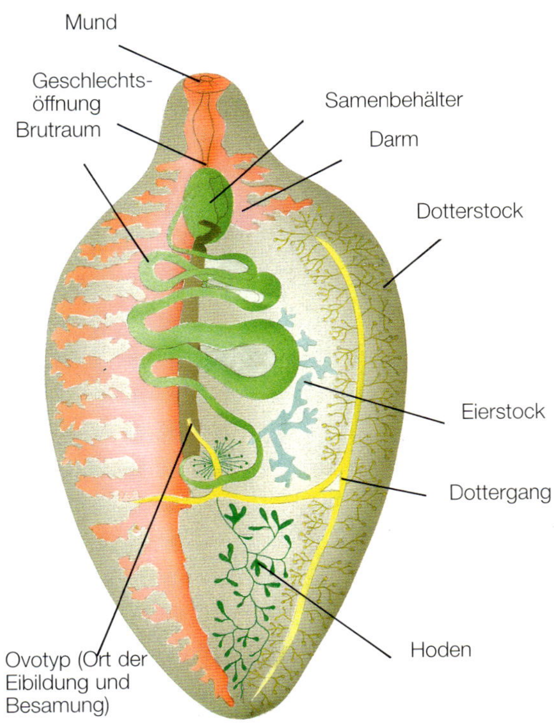

Abb. 27. Innerer Aufbau des großen Leberegels.

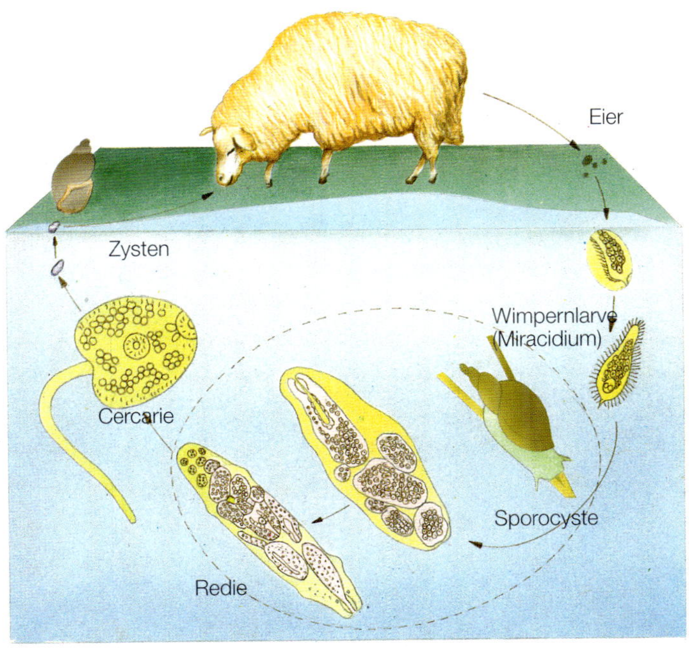

Abb. 28. Lebenszyklus des großen Leberegels.

Allgemeine Merkmale. Klassifizierung

Die Schnurwürmer sind wurmförmige Protostomier mit achsensymmetrischem Bau. Ihr ungegliederter Körper ist langgestreckt, elastisch und sehr beweglich. Das Coelom ist zurückgebildet und vollständig vom Grundgewebe ausgefüllt worden.

Eines ihrer typischen Hauptmerkmale ist ein Rüssel, der in einer Körperhöhle, dem Rhinchocoelom liegt. Das Rhinchocoelom liegt über dem Darmrohr und verbreitert sich in seinem Verlauf bis fast zum Körperende. Der muskulöse Rüssel ist ausstülpbar und besitzt an seinem Grund einen Rückziehmuskel (Abb. 29). In manchen Fällen haben Mund und Rüssel eine gemeinsame Körperöffnung.

Die Schnurwürmer sind vollständig von Wimpern bedeckt. In ihrer Haut besitzen sie zahlreiche Drüsen, die Schleime absondern. Unter der Epidermis finden sich die Dermis und Schichten aus Ring- und Längsmuskeln (Abb. 30 und 31).

Das längliche Verdauungsrohr ist vollständig ausgebildet und bewimpert. Es besteht aus Mund, Speiseröhre, einem langgestreckten Magen, Mitteldarm, Enddarm und After. Oft treten seitliche Ausbuchtungen an Speiseröhre, Magen und Mitteldarm auf. Das Kreislaufsystem wird aus einem großen Rückengefäß und zwei seitlichen Blutgefäßen gebildet, die am Vorderende vereinigt sind. Zumindest die seitlichen Gefäße haben am Kopf und um dem Darm herum Querverbindungen. Das Kreislaufsystem ist daher geschlossen. Es gibt keine speziellen Atmungsorgane. Die Atmung erfolgt durch Diffusion über die Körperwand. Der Ausscheidungsapparat ist am vorderen Körperende gelegen und besteht aus zwei reich verästelten Seitenkanälen, von denen einige Äste Wimpernzellen besitzen. Die Ausscheidungen werden über jeweils eine seitliche Öffnung nach außen geleitet. Im Fall der landlebenden Schnurwürmer bestehen die Ausscheidungsorgane aus unabhängig voneinander arbeitenden Einheiten mit jeweils 6 bis 10 Protonephridien, die in einen Kanalast münden.

Das Nervensystem beinhaltet ein Gehirn aus zwei größeren Nervenknotenpaaren, die durch ringförmige Verbindungsstränge den Rüssel umschließen. Vom Gehirn gehen zwei seitliche Nervenstränge, ein Rückenstrang sowie zwei etwa in Körpermitte verlaufende Stränge aus. Alle Stränge sind durch Queräste miteinander verbunden. Als Sinneszellen treten zwei einfache Augen am Kopfende, ein Wimperngrübchen, das Frontalauge genannt wird, und zwei Cerebralorgane auf. Das sind Einstülpungen der Haut, die neben Sinneszellen, wahrscheinlich zur Geruchsempfindung, auch Drüsenzellen enthalten. Einige Schnurwürmer besitzen auch Statocysten als Gleichgewichtsorgane.

Sie sind in der Regel getrenntgeschlechtlich, nur selten Zwitter. Der Geschlechtsapparat besteht aus sackförmigen Hoden und Eierstöcken, die sich äußerlich sehr ähneln. Sie liegen in den blind endenden Darmausstülpungen und treten in mehrfacher Anlage gegliedert auf. Es gibt keine Ei- oder Spermienleiter, so daß die Geschlechtszellen aus Öffnungen des Körpers austreten, wenn die Geschlechtsreife erreicht ist. Die Befruchtung der Eier, die als gallertartiger Laich in Form von Paketen oder Scheiben gelegt werden, findet außerhalb des Körpers statt. Im allgemeinen verläuft die Entwicklung indirekt über eine bewimperte, gelappte Pilidiumlarve (Abb. 32). Sie können Regenerationsvorgänge durchmachen und dabei aus Teilstücken das vollständige Tier bilden, vorrausgesetzt, es ist ein Stück des Rhinchocoel beteiligt. Einige Arten vermehren sich mit diesem Vorgang regelmäßig während der warmen Jahreszeiten, indem sie in Teilstücke zerfallen. Man kann manchmal beobachten, daß die Tiere in ungünstigen Zeiten, unter Nahrungsmangel, Körperteile von sich fressen und so ihre Größe verringern.

Die Schnurwürmer stehen den Plattwürmern und den Ringelwürmern nahe. Allerdings kann die Behauptung mancher Forscher nicht abgesichert werden, daß sie ein Bindeglied zwischen beiden darstellen. Sie weisen Merkmale beider Gruppen auf.

Sie sind mehrheitlich Meeresbewohner und leben versteckt und eingerollt unter Steinen oder in Höhlen in küstennahen Bereichen. Es gibt aber unter ihnen auch einige pelagische Arten oder Tiefseebewohner. Eine kleine Untergruppe hat sehr viele unterschiedliche Lebensräume wie z.B. das Süßwasser, das Erdreich oder Eigelege von bestimmten Tieren. Ihre Größe kann zwischen 5 mm und 25 mm betragen, meist liegt sie im Bereich von einigen Zentimetern. Sie ernähren sich räuberisch oder von Tierkadavern. Die Fortbewegung erfolgt schwimmend oder kriechend. Ihr Körper ist z. T. einheitlich gefärbt oder längs- bzw. quergestreift. Beispiele für Schnurwürmer sind die Gattungen Lineus (marin), Prostoma (Süßwasser) oder Geonemertes (tropischer Bewohner von feuchten Böden).

Sie werden nach der Lage ihres Nervensystems zwischen den Muskelschichten und je nach Bewaffnung ihres Rüssels eingeordnet:

Klasse	Merkmale
Anopola	Unbewaffnet. Nervensystem in der Epidermis oder den Muskelschichten
Enopola	Bewaffnet. Nervensystem im Bindegewebe

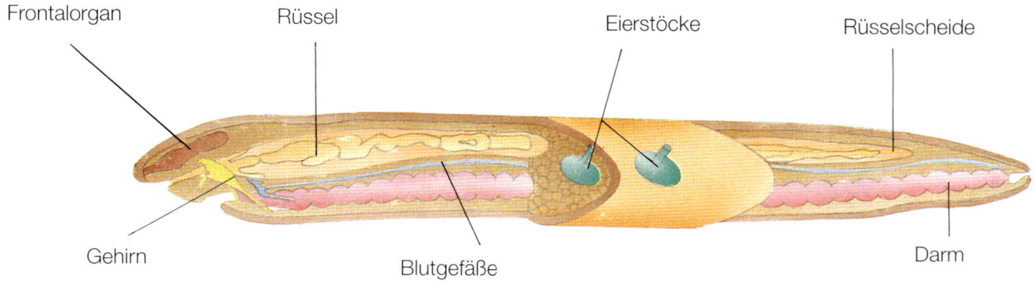

Abb. 29. Innerer Aufbau eines Schnurwurms.

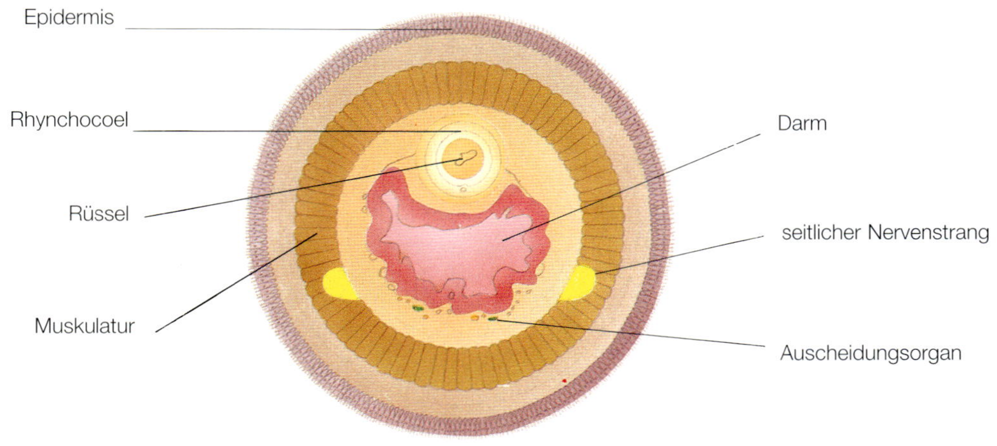

Abb. 30. Querschnitt eines Schnurwurms.

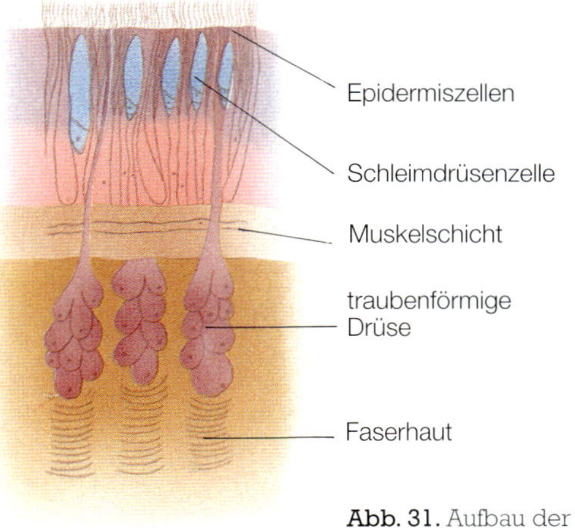

Abb. 31. Aufbau der Haut.

Abb.32. Pilidiumlarve.

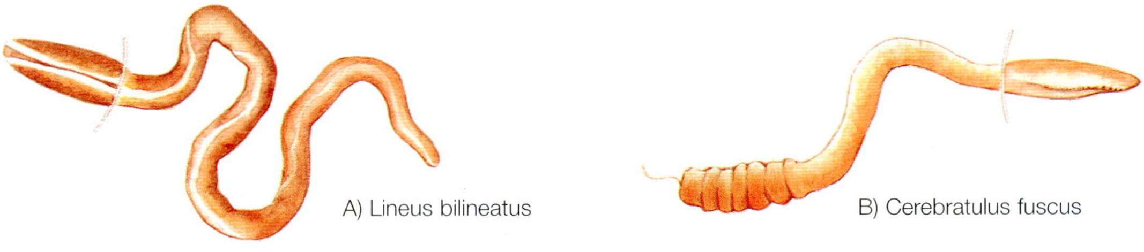

Abb. 33. Einige Arten der Schnurwürmer.

Allgemeine Merkmale. Klassifizierung

Unter der Bezeichnung Rundwürmer werden verschiedene wurmförmige, ungegliederte Wirbellose zusammengefaßt. Ihre einzige Köperhöhle wird nicht aus dem Coelom gebildet. Man unterscheidet Klassen, die einen Rest der Keimhöhle (Blastocoel) aufweisen (Rädertiere, Gastrotricha, Kinorhyncha und Fadenwürmer), und solche, die ein Pseudocoel aufweisen (Priapulida, Saitenwürmer, Kratzer, Kiefermäuler).

Rädertiere (Rotatoria)

Sie tragen eine Wimpernkrone am Mund (Mundfeld) und einen zweiten Wimpernring im Anschluß an den ersten (Circumapikalband), der z. T. fehlen kann. Das Hinterende ist gegabelt und wird als Fuß bezeichnet. Sie besitzen einen Schlund (Mastax), der durch Kaubewegungen die Nahrung zerkleinern kann. Am Fuß gibt es eine Klebdrüse. Ihr Sekret, das bei Kontakt mit Wasser aushärtet, ermöglicht die Anheftung an Gegenstände und kann Beutetiere festhalten. Obwohl es Weibchen und meist zwergförmige Männchen gibt, ist die Jungfernzeugung (Vermehrung über unbefruchtete Eier) als Teil ihres Generationswechsel üblich. Sie sind Meeres- oder Süßwasserbewohner, teils Schmarotzer, durchsichtig und zwischen 0,1 bis 0,4 mm klein. Sie sind unter anderem Pflanzenfresser und Räuber. Typische Vertreter sind Rotifer und Zelinkiella (Abb. 34 A).

Bauchhaarlinge (Gastrotricha)

Sie besitzen zwei Wimpernkränze, einen um den Mund (Labialwimpern) und einen anderen im Anschluß daran (Kopfwimpern). Sie weisen auch am Bauch Wimpern und einige Borsten auf. Sie haben eine Furche. Die Speiseröhre wirkt als Saugpumpe. Sie unterscheiden sich von den Rädertieren durch den Aufbau des Darms und des Nervensystems. Sie sind benthische Meeresbewohner, mit einer Größe zwischen 0,1 und 1,5 mm, und lediglich im Darm gefärbt. Als typische Vertreter können Chaetonotus und Tetranchyroderma genannt werden (Abb. 34 B).

Hakenrüssler (Kinorhyncha)

Sie haben einen ballonartigen Kopf, der einige umlaufende Hakenreihen besitzt, die für die grabende Fortbewegung eingesetzt werden. Der Rumpf weist eine Scheingliederung in 11 unechte Segmente auf. Die Cuticula trägt dornenbesetzte Platten. Die Entwicklung verläuft direkt, das Wachstum ist mit Segmentvermehrung verbunden. Sie leben am Meeresgrund im Schlamm, Sand oder an Wurzeln und ernähren sich von Algen oder Schwebstoffen. Sie sind durchsichtig und erreichen bis zu 1mm Länge. Die Gattung Echinoderes ist ein typisches Beispiel (Abb. 34 C).

Fadenwürmer (Nematoda)

Sie haben einen zylindrischen, langgestreckten Körper, der an beiden Enden abgeflacht ist. Er ist von einer glatten oder geringelten Cuticula bedeckt. Sie besitzen nur Längsmuskulatur. Es können Kopfborsten, zum Teil als Tastorgane auftreten. Die Mundhöhle kann bewaffnet oder unbewaffnet sein. Ein Kreislaufsystem, Atmungsorgane und zum Teil auch Ausscheidungsorgane fehlen ihnen. Das Nervensystem bleibt auf ein ringförmiges Gehirn beschränkt. Außer den seitlich gelegenen Geruchssinneszellen (Amphidien) können sie selten auch einfache Augen, die an schwaches Licht angepaßt sind, aufweisen. Die Weibchen sind größer als die Männchen und besitzen gestielte Papillen, die als Paarungsorgane genutzt werden. Nach der inneren Befruchtung folgt eine direkte Entwicklung zu erwachsenen Tieren, die aber über verschiedene Jugendstadien läuft. Es gibt unter den Fadenwürmern neben den freilebenden Arten, die im Salz- oder Süßwasser bzw. in feuchten Böden leben, auch Schmarotzer und Kommensalen. Die in der Regel durchsichtigen, zwischen 0,5 mm und 1 m langen, Tiere treten weltweit auf. Ein typischer Vertreter ist der Spulwurm (Ascaris), der die inneren Organe von Schweinen und Menschen befällt (Abb. 34 D).

Spritzwürmer (Priapulida)

Sie besitzen ein hakenbesetztes, einziehbares Kopfende, einen faltigen, geringelten Rumpf, der im allgemeinen ein oder zwei Anhänge hat. Diese weisen lappige Auswüchse auf, die Kiemen ähneln. Der Kopf dient als Graborgan. Sie sind Kosmopoliten der Meere und leben benthisch im Schlamm vergraben. Sie sind Fleischfresser mit gelblicher oder brauner Färbung. Sie können bis zu 20 cm lang werden. Ein typischer Vertreter ist Priapulus (Abb. 34 E).

Saitenwürmer (Nematomorpha)

Ihre Cuticula weist Platten oder Papillen auf. Der Darm ist zurückgebildet. Ihnen fehlen die Organe des Kreislaufs, der Atmung und der Ausscheidung. Die getrenntgeschlechtlichen Würmer machen eine direkte Entwicklung durch. Sie sind Schmarotzer oder leben frei im Salz- oder Süßwasser. Die Weibchen sind größer als die Männchen und erreichen zwischen 1 - 70 cm Länge. Sie sind durchscheinend bzw. gelb, braun oder schwarz gefärbt. Ein typischer Vertreter ist Gordius (Abb. 34 F).

Kratzer (Acanthocephala)

Sie besitzen einen einziehbaren Rüssel, der mit Haken besetzt ist und mit dem sie sich an den Wirt festklammern. Die erwachsenen Tiere leben schmarotzend in Wirbeltieren, die Larven befallen im allgemeinen Gliederfüßer. In der Halsregion tragen sie zwei Säcke, in denen sie Flüssigkeit speichern. Ihre Färbung ist weiß oder orange. Die Männchen sind bis zu 10 cm lang, die Weibchen erreichen die fünf- bis sechsfache Länge. Als Beispiele seien Gigantorhynchus, ein Schmarotzer von Schweinen und Leptorhynchoides gennant (Abb. 34 G).

Kiefermäuler (Gnatostomulida)

Sie besitzen einen Mundapparat, der aus einer starren Substanz besteht. Sie haben weder Kreislauf- noch Atmungsorgane. Sie sind zwittrige Lebewesen und führen eine gegenseitige Befruchtung durch. Sie besitzen Wimpern, mit denen ihre Fortbewegung erleichtert wird. Sie sind marin und wohnen an Sandpartikeln. Sie sind fast durchsichtig und zwischen 0,3 und 1 mm lang.

Ein typischer Vertreter ist Problognatia (Abb. 34 H).

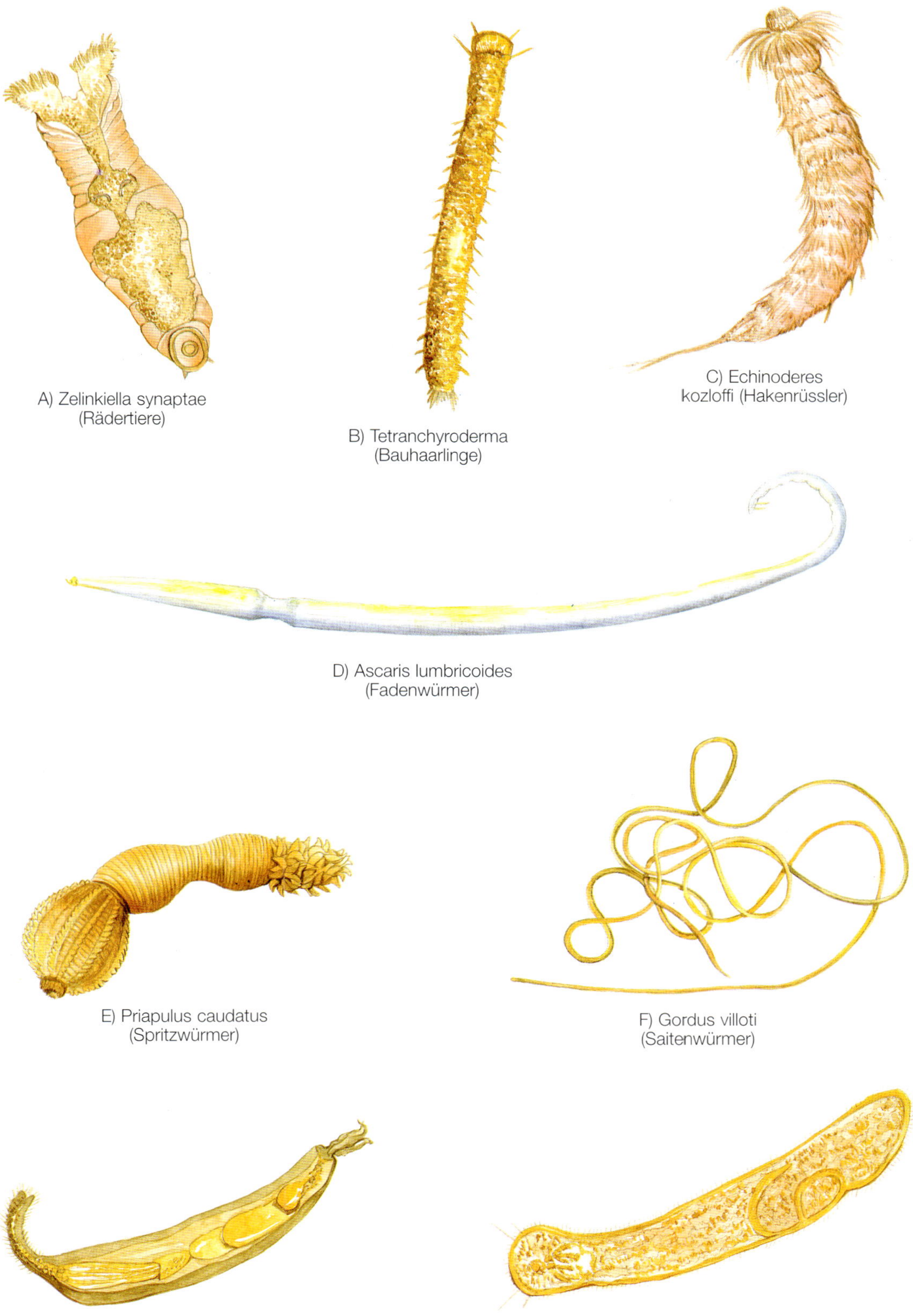

Abb. 34. Einige charakteristische Vertreter der verschiedenen Klassen, die in die Gruppe der Schnurwürmer eingeordnet werden.

Allgemeine Merkmale (I)

Die Weichtiere sind Protostomier, die ein Coelom und einen ursprünglich achsensymmetrischen Körper haben, der weich und nicht in Segmente gegliedert ist. Er besteht aus einem Kopf, der Fühler, Augen und Gleichgewichtsorgane trägt, aus einem Fuß und dem Eingeweidesack, in dem die meisten Organe liegen (Abb. 35 A). Der Fuß kann, wie bei den Schnecken, flach in Form einer Sohle (Platipodium) oder in Form eines Beils (Pelicipodium) ausgebildet sein, der bei den Muscheln zur Verankerung eingesetzt wird. Auch eine Zerteilung des Fußes in mehrere lappenartige Arme kommt beispielsweise bei den Tintenfischen vor (Abb 36).

Sie besitzen eine Rückenfalte, den sogenannten Mantel, der das Tier teilweise oder vollständig bedeckt und auf der Außenseite die Schale absondert. Diese ist aus drei Schichten aufgebaut: die äußerste heißt Periostracum und ist aus Chitin; die mittlere Prismenschicht (Ostracum) besteht aus Kalkkristallen, die von einem Proteingemisch (Conchin) eingehüllt werden. Die innerste Schicht aus Perlmutt heißt Hypostracum. Wenn zwischen Schale und Mantel ein Fremdkörper eingeschlossen wird, bedeckt sie das Tier mit Perlmuttschichten und es entsteht eine Perle. Die Schale ist sehr formenreich und kann sowohl als Einheit oder zweigeteilt auftreten oder gänzlich zurückgebildet sein. Unter der Mantelfalte liegt die Mantelhöhle, die vorwiegend zur Atmung dient.

Obwohl ihre äußere Erscheinung und ihre Größe in den unterschiedlichen Gruppen sehr variabel sein kann, ist der innere Aufbau sehr gleichförmig (Abb. 35 B).

Das Coelom bleibt auf den Herzbeutel und einen weiteren Raum beschränkt, in dem die Geschlechtsdrüsen liegen und der auch Ausscheidungsfunktionen übernimmt. Diese Organe gehören zum sogenannten Pallialkomplex, der sich im Eingeweidesack befindet. Parallel zur Rückbildung des Coeloms tauchen neue Körperhöhlen in Verbindung mit der Bildung des Kreislaufsystems auf.

Der Verdauungsapparat (Abb. 37) ist unverzweigt, weist aber Windungen auf. Er beginnt am Mund und besteht aus Schlund, Speiseröhre, Magen, Darm, Enddarm und After, der in der Mantelhöhle liegt. Der Schlund beherbergt eine Raspelzunge (Radula), die auf ihrer Oberseite viele Reihen mit kleinen Zähnen besitzt. Die Speiseröhre ist mit dem Hepatopankreas (Leber- und Bauchspeicheldrüsenfunktion) verbunden.

Oft treten Speicheldrüsen, in einigen Fällen auch Kiefer auf. Die meisten landlebenden Weichtiere (Schnecken) ernähren sich von Pflanzen. Die Wasserbewohner ohne Kiefer und Radula (Muscheln) sind Filtrierer; diejenigen, die mit diesen Werkzeugen ausgestattet sind (Tintenfische), leben räuberisch.

Die Atmung erfolgt bei den Wasserbewohnern über Kiemen, bei den Landbewohnern über die Mantelhöhle, die zu einer Lunge mit Atemöffnung umgebildet ist.

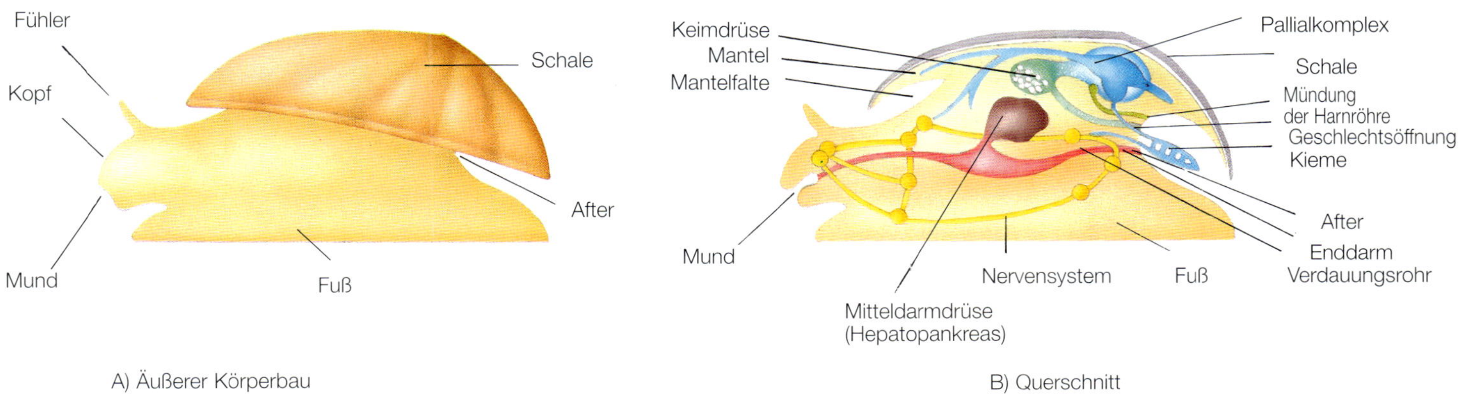

Abb. 35. Schema des Grundtyps eines primitiven Weichtieres.

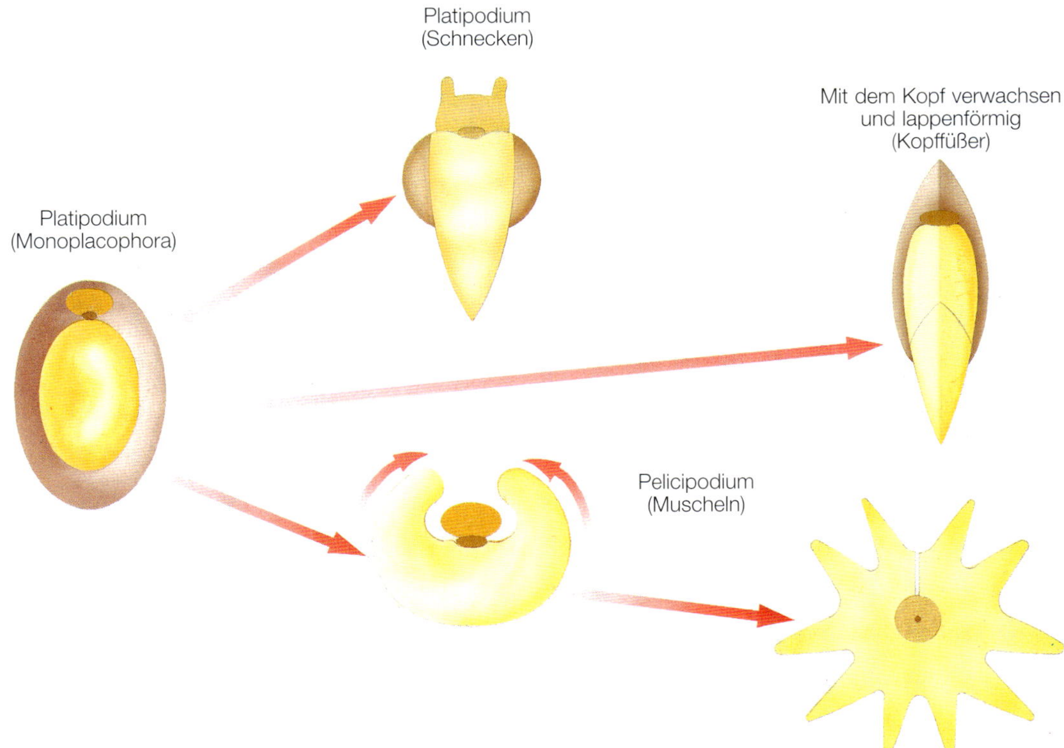

Abb. 36. Verschiedene Formen des Fußes. Ansicht von unten.

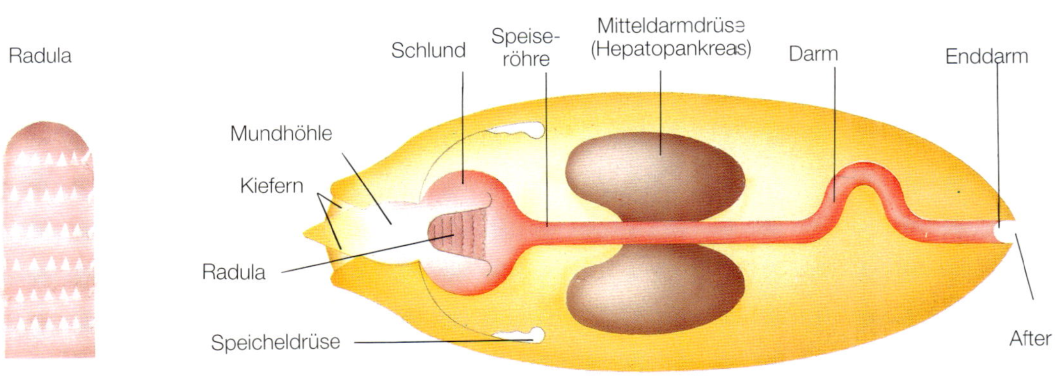

Abb. 37. Verdauungsapparat.

Allgemeine Merkmale (II). Klassifizierung

Das Kreislaufsystem wird aus einem Herzen und einem großen Rückengefäß, das Aorta genannt wird, gebildet (Abb. 38). Das Herz liegt im Herzbeutel und besitzt eine Kammer sowie ein oder zwei paarige Vorhöfe, die das Blut aus den Kiemen aufnehmen. Das Blut ist wegen ihres besonderen Blutfarbstoffes, des Hämocyanins, blau gefärbt.

Die Ausscheidung erfolgt über eine, zwei oder sechs Nephridienpaare.

Das Nervensystem ist hochentwickelt und besteht aus einem Schlundring sowie Nervenknoten und Nervenbahnen. Die primitivsten Mollusken haben vier Nervenstränge, während die höherentwickelten zwei Stränge aufweisen (Abb. 39).

An Sinnesorganen unterscheidet man Tastfühler, Kopfaugen, Geruchs- und Geschmackssinneszellen (Osphradien) nahe dem After sowie die im Kopfbereich gelegenen Organe der Schall- und Gleichgewichtsempfindung.

Die Augen ermöglichen kein Bildersehen, außer bei den Kopffüßern, deren kompliziert gebaute Linsenaugen denen der Wirbeltiere gleichen.

Die Weichtiere sind meist eingeschlechtlich, manche sind Zwitter. Die Keimdrüsen sind unpaarig und haben den zweiten Keimgang zurückgebildet. Die Befruchtung findet im Körper statt; daher haben die Männchen einen Penis. Bei den meisten marinen Weichtieren, außer den Kopffüßern, verläuft die Entwicklung indirekt über zwei aufeinanderfolgende Larvenstadien, die Trochophora- und die Veliger-Larve (Abb. 40). Ihre Entwicklung ähnelt sehr derjenigen der Ringelwürmer, so daß ein gemeinsamer Ursprung beider Stämme wahrscheinlich ist.

In ihrem ursprünglichen Lebensraum, dem Meer, sind die meisten Mollusken benthisch und leben auf Felsen oder im Schlamm bzw. Sand eingegraben. Einige haben sich an die pelagische Lebensweise angepaßt und sind gute Schwimmer (Kopffüßer).

Es gibt auch einige Süßwasserarten und die Gruppe der Landschnecken. Diese haben sich allerdings nicht vollständig vom Wasser unabhängig gemacht, da sie Atemluft mit sehr hoher Feuchte brauchen.

Die Größe der Weichtiere beträgt zwischen einem Zentimeter und einigen Metern. Sie zählen zu den höheren Tieren.

Anhand der Ausbildung des Nervensystems, der Schale und des Fußes werden die Mollusken folgendermaßen eingeordnet:

Schnecken besitzen einen bilateralen Fuß und Kopf. Der Eingeweidesack liegt innerhalb einer Schale, die spiralig gewunden ist. Sie besitzen meist ein charakteristisches Raspelorgan im Mund, die Radula. Bei vielen Arten ist die Schale, reduziert (Nacktschnecken). Die Unterklasse der Lungenschnecken können atmosphärische Luft atmen und können somit als einzige Mollusken das Land besiedeln. Schnecken sind Zwitter und besitzen sehr kompliziert gebaute Geschlechtsorgane.

Muscheln sind nicht bilateral gebaut. Sie bilden eine Schale, die aus zwei häufig verschieden großen Hälften besteht, die an einer Seite über das sogenannte Filament miteinander verbunden sind. Der Fuß ist meist zu einem Grabfuß umgewandelt, während der Kopf sehr klein oder reduziert ist. Die meisten Muscheln sind Filtrierer. Ihre Kiemen sind zu einem lamellenförmigen Siebapparat umgewandelt.

Kopffüßer sind die am höchsten entwickelten Weichtiere. Ihr Fuß ist zu einem tentakelförmigen Fangapparat umgewandelt, der kranzförmig den Kopf umgibt. Ursprüngliche Vertreter besitzen noch ein Gehäuse (Perlboot, Nautilus), bei den meisten ist es jedoch zu einem innerhalb des Körpers liegendem Schulp (Sepia) oder ganz reduziert (Octopus). Die Sinnesorgane der Kopffüßer sind sehr hoch entwickelt. Sie besitzen Linsenaugen, die denen der Wirbeltiere ebenbürtig sind. Viele Arten können durch in der Haut liegende Chromatophoren Farbänderungen durchführen.

Klasse	Merkmale
Monoplacophora	Vier Nervenstränge, einteilige Schale
Käferschnecken	Vier Nervenstränge, Schale aus 8 gegeneinander beweglichen Platten
Wurmschnecken	Vier Nervenstränge, ohne Schale
Kahnfüßer	Zwei Nervenstränge, Kriechfuß
Schnecken	Zwei Nervenstränge, Grabfuß
Muscheln	Zwei Nervenstränge, zweiteilige Schale und meist Grabfuß
Kopffüßer	Zwei Nervenstränge, veränderter Fuß durch Verwachsung mit dem Kopf und Aufteilung in Arme

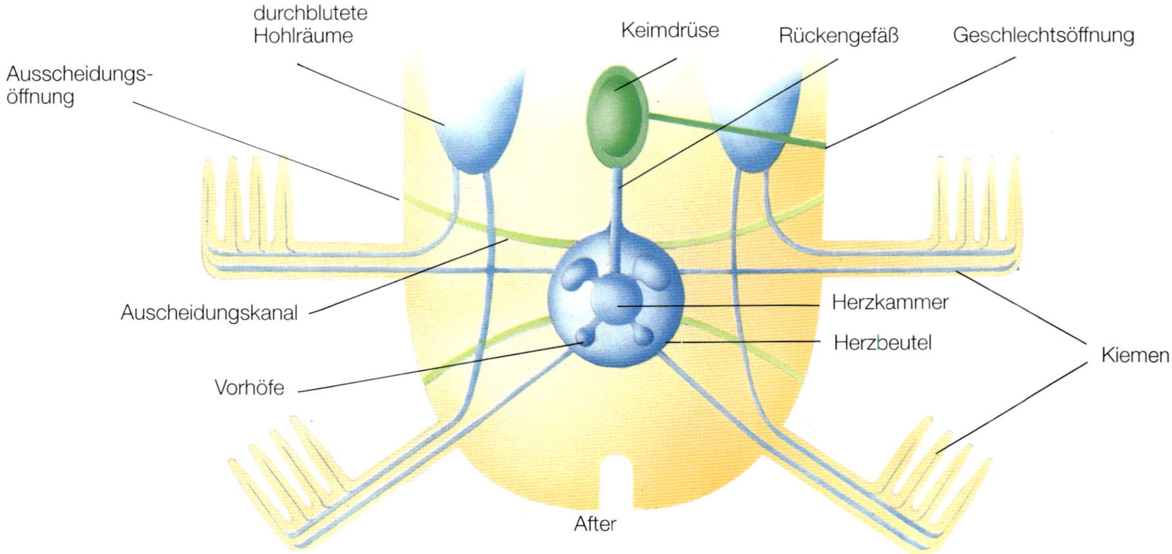

Abb. 38. Pallialkomplex.

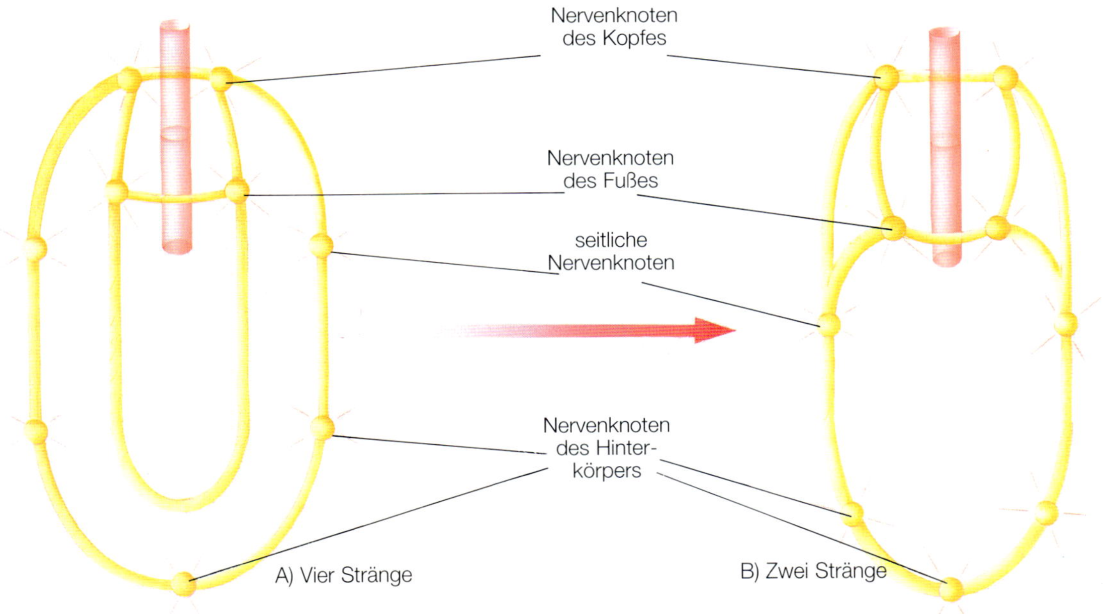

Abb. 39. Nervensystem, Ansicht von der Bauchseite her.

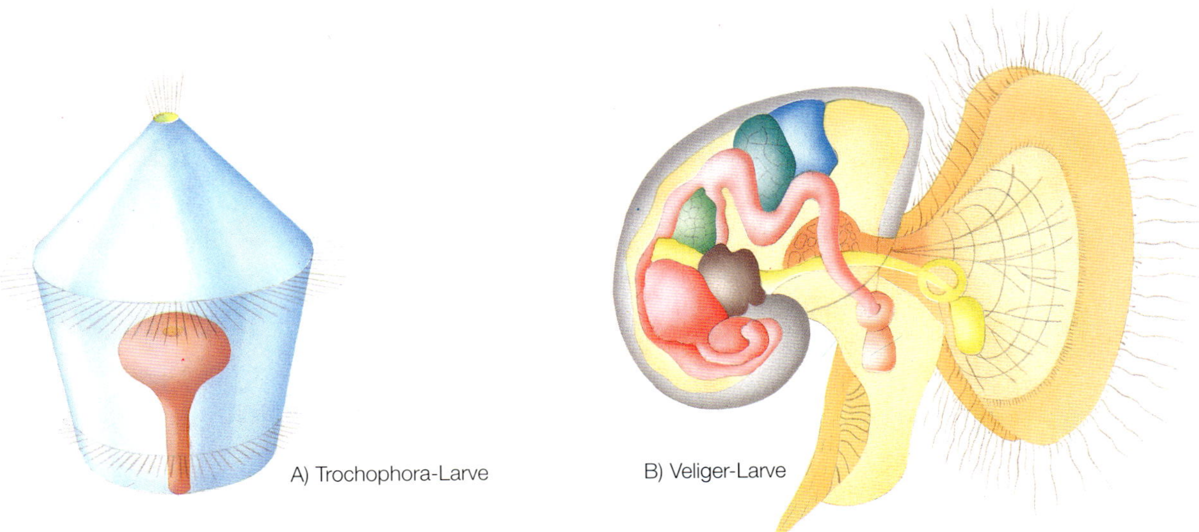

Abb. 40. Die Larven.

Allgemeine Merkmale. Klassifizierung

Die Tentaculata gehören aufgrund ihres ringförmigen Gehirns und der Entstehung ihres U-förmigen Verdauungsrohres zu den Deuterostomiern. Allerdings zeigt die Bildung ihrer Köperhöhle als Schizocoel eine gewisse Verwandtschaft mit den Protostomiern. Aufgrund dieser widersprüchlichen Merkmale sind sie eine stammesgeschichtlich sehr interessante Gruppe.

Die Tentaculata sind in drei Segmente mit insgesamt fünf Körperhöhlen gegliedert (Abb. 41). Sie besitzen keinen Kopf. Das erste der Segmente ist sehr klein und fehlt oft. Ihr Hauptmerkmal sind die Auswüchse des zweiten Segments, die fühlertragende Arme (Fühlerkranz) bilden. Mit ihnen können sie sowohl kleine Nahrungspartikel aus dem Wasser filtrieren als auch atmen.

Das Kreislaufsystem mit Bauch- und Rückengefäßen wird entweder unabhängig vom Coelom gebildet oder fehlt. Die Ausscheidung erfolgt über Nephridien, die im dritten Segment liegen, oder aber dadurch, daß sich die Auscheidungsprodukte im Coelom sammeln. Es treten Zwitter auf. Es kommt bei ihnen sowohl eine direkte als auch indirekte Entwicklung vor. Sie können sich durch Sprossung vermehren, wobei sich Tierstöcke bilden. Sie können freilebend oder festgewachsen vorkommen. Der Stamm der Tentaculata umfaßt folgende Klassen:

Klasse	Merkmale
Phoronoidea	Einzeltiere bilden Herden. Leben in Chitinröhren
Moostiere	Bilden Tierstöcke, in denen gleichartige oder ungleichartige Tiertypen vorkommen
Armfüßer	Einzeltiere mit zwei muschelähnlichen Schalen
Pfeilwürmer	Pelagische Tiere mit Schwimmflossen

KLASSE DER HUFEISENWÜRMER (PHORONOIDEA)

Die Phoronoidea sind die ursprünglichste Gruppe. Sie haben einen typischen Körperbau. Die Fühlerarme sitzen am Kopfende und sind spiralig eingerollt (Abb. 42 A, B). Sie bilden Ansammlungen von Einzeltieren, die in jeweils einer Röhre leben. Sie vermehren sich über ein Larvenstadium, das dem der Trochophora ähnelt (Actinotrocha, Abb. 42 C). Sie sind marin und leben im Schlamm oder Sand und erreichen eine Länge von mehreren Zentimetern.

KLASSE DER MOOSTIERE

Die Moostiere bilden Kolonien. Ihr Aussehen erinnert an Polypen.

Die Einzeltiere leben im Inneren einer Hülle. Aus ihr ragt der Fühlerkranz heraus, der dem 2. Segment entspricht. Das erste Segment fehlt bei ihnen. Sie vermehren sich durch Knospung, wodurch eine Kolonie aus vielen zusammenhängenden Tieren entsteht. Die Kolonien sind formenreich (verzweigt, schrauben- oder blattförmig, usw., Abb. 43 B). Dabei können die Einzeltiere auch sehr unterschiedlich aussehen. Die geschlechtliche Vermehrung mit äußerer Befruchtung ergibt eine Larve, die Cyphonautes genannt wird (Abb. 43 C). Die typische Gruppe der Moostiere sind die Ektoprocta, deren After außerhalb des Fühlerkranzes mündet (Abb. 43 A). Die Endoprocta oder Kamptozoa (Abb. 44 A) sind abgewandelte Moostiere, da ihr After innerhalb des Fühlerkranzes liegt und ihr Coelom fast völlig zurückgebildet ist (Abb. 44 B). Ihre Vermehrung kann sowohl geschlechtlich über ein Larvenstadium erfolgen, als auch ungeschlechtlich zu gestielten Kolonien führen. Die Moostiere leben im Meer, bis auf eine im Süßwasser lebende Gruppe.

KLASSE DER ARMFÜSSER

Die Armfüßer sind Tentaculata, die den Weichtieren ähneln. Sie sind Bewohner der Meeresböden, meist bis Tiefen um 500 m. An Bauch- und Rückseite haben sie je einen Kragenlappen, der ein Schalenpaar aus Kalk und Chitin bildet. Sie können einige Zentimeter Länge erreichen und vermehren sich über Larvenstadien (Abb. 45 C). In dieser Klasse gibt es viel mehr ausgestorbene als heute lebende Arten.

KLASSE DER PFEILWÜRMER

Die Pfeilwürmer sind sehr abgewandelte Tentaculata, die weder Fühlerkranz noch Coelom im ersten Segment besitzen und sich an die pelagische Lebensweise angepaßt haben. Der Körper weist eine Gliederung in Kopf, Rumpf und Schwanz auf (Abb. 46 A). Am Schwanz, der vom After bis zum Körperende reicht, treten aus Hautfalten gebildete Flossen auf (Abb. 46 A). Ausscheidungs- und Kreislaufsysteme fehlen ihnen. Ihr Nervensystem ist sehr schwach ausgebildet. Sie sind Zwitter mit gelegentlicher Selbstbefruchtung. Sie erreichen 8 bis 10 cm Länge und sind durchsichtig. Sie werden als neotene Armfüßer angesehen, da ihr Körperbau den Larven der Armfüßer gleicht. Aufgrund ihrer Merkmale werden sie von vielen Forschern als Verwandte der Tentaculata angesehen.

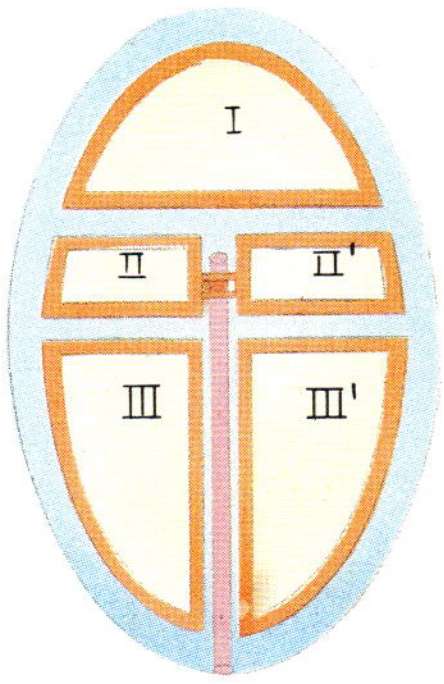

Abb. 41. Schema der vollständigen Gliederung der primitiven trimeren (dreigliedrigen) Tiere in drei Segmente und den dazugehörenden Coelomen.

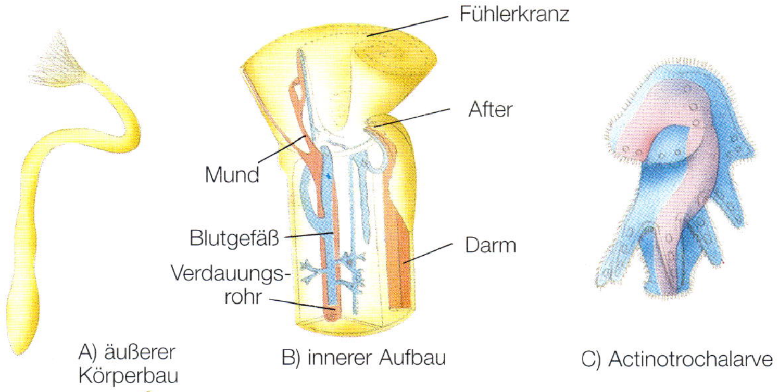

Abb. 42. Phoronoidea.

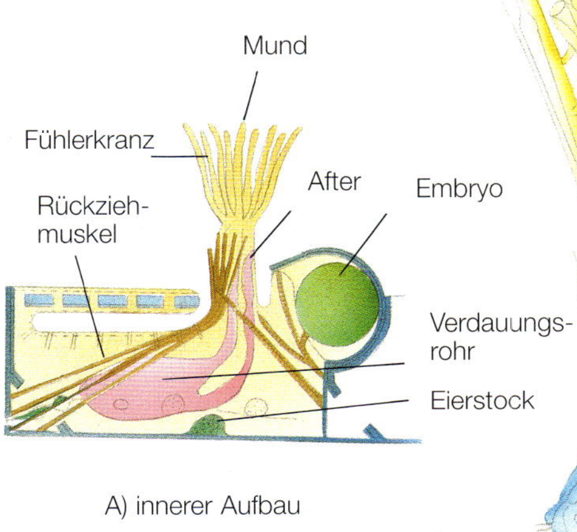

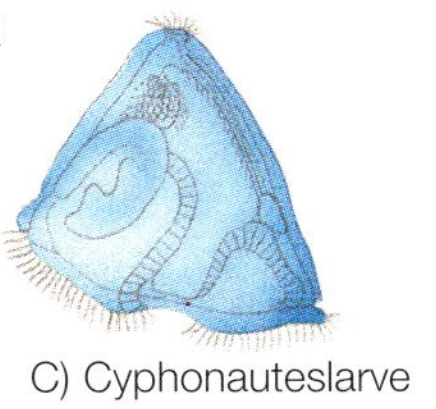

Abb. 43. Cyphonautes.

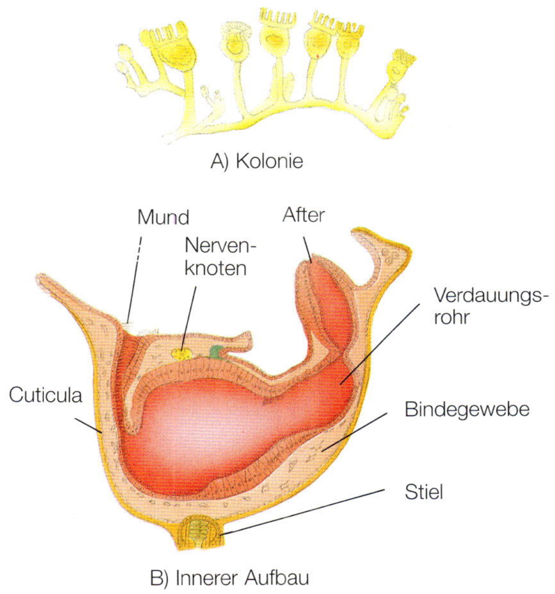

Abb. 44. Ektoprocta (Moostiere im engeren Sinne).

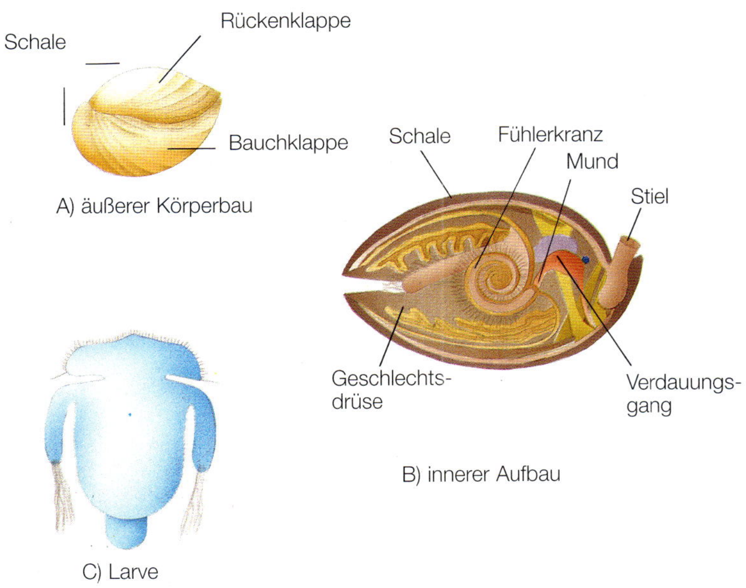

Abb. 45. Armfüßer.

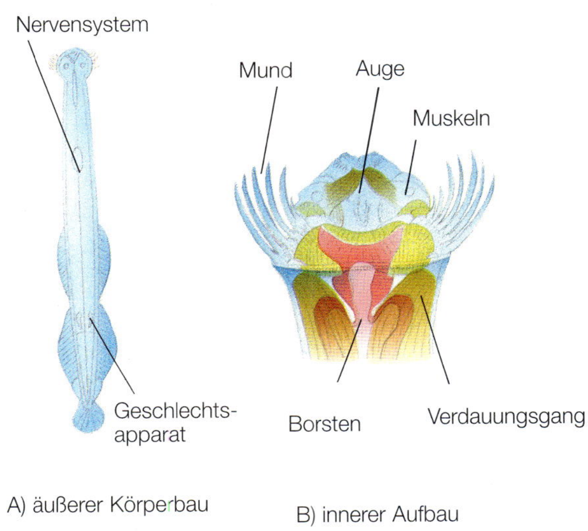

Abb. 46. Pfeilwürmer.

Allgemeine Merkmale. Klassifizierung

Die Hemichordata sind dreigliedrige Deuterostomier, die ein besonderes Stützrohr, die Hemichorda, aufweisen. Dieses Stützrohr entsteht aus einer Abspaltung der Speiseröhre. Es ist mit einem Gewebe gefüllt, das dem der Chorda (Vorläufer der Wirbelsäule) bei den Chordatieren ähnelt. Daher sind die Hemichordata als Vorläufer der Chordatiere angesehen worden. Diese Ansicht ist nur schwer aufrechtzuerhalten, weil die Hemichordata ein ringförmiges Nervensystem, die Chordatiere dagegen ein längsverlaufendes Nervensystem am Rücken besitzen. Die Hemichordata sind Meeresbewohner und können in sehr großer Tiefe leben. Die Einteilung der noch vorkommenden Arten dieses Stammes erfolgt in drei Klassen:

Klasse	Merkmale
Pterobranchia	Koloniebildend. Mit Fühlerkranz und Hemichorda (Stützrohr).
Eichelwürmer	Einzeln lebende Tiere. Mit Hemichorda und ohne Fühlerkranz.
Pogonophora	Einzeln lebende Tiere. Keine Hemichorda und kein Fühlerkranz.

Die Klasse der Pterobranchia

Die Pterobranchia haben einen Fühlerkranz (Abb. 47 A) und bilden Kolonien. Die Einzeltiere haben einen Kopfschild, der den Mund verdeckt. Ihre Verdauungsröhre ist U-förmig (Abb. 47 B). Die Familie Cephalodiscidae erkennt man an ihren geringelten Röhren. Sie bilden ähnlich wie die Moostiere gestielte Kolonien. Die Familie der Rhabdopleuridae leben in tiefen Meeresbereichen des Indopazifischen Raums. Die Einzeltiere haben Spalten im Schlundbereich, die eine Verbindung nach außen bilden. Ihre Biologie ist weitgehend unbekannt.

Die Klasse der Eichelwürmer

Die Eichelwürmer sind wurmförmige Hemichordata, die besondere Merkmale aufweisen. Sie haben weder Fühlerkränze noch Hüllen. Entsprechend ihrer Lebensweise ist die Kopfregion zu einem Bohrorgan, der Eichel umgestaltet (Abb. 48 A). Das zweite Segment ist kragenförmig und verbreitert. Der Hinterleib ist langgestreckt und wird von einem geraden Verdauungsrohr durchzogen. Der After liegt am Körperende. Im Hinterleib treten mehrere (7 - 14) Kiemenporen oder -spalten auf. Das Kreislaufsystem besteht aus einem kleinen Herzen und je einem Gefäß an Rücken- und Bauchseite (Abb. 48 B). Die Ausscheidung erfolgt über ein Gefäßknäuel an der Eichelhöhle. Das ringförmige Nervensystem ist mit einem Nervenknoten am Rücken verbunden. Zum Fortpflanzungsapparat zählen die Geschlechtsdrüsen, die oft in großer Zahl in der Körperhöhle vorhanden sind. Die Entwicklung verläuft indirekt über bewimperte Larven, die Tornaria oder die Batesonische Larve. Diese ähneln sehr den Larven der Stachelhäuter.

Klasse der Pogonophora

Die Pogonophora bilden eine Gruppe, die aufgrund ihres Aussehens lange Zeit zu den Vielborstern gezählt wurde (Abb. 49 A). Sie sind Meeresbewohner der Tiefsee (bis zu 10.000 m). Sie sind einige Zentimeter bis 25 cm lang. Sie leben im Inneren von Röhren, die sie aus ihren Chitin-Ausscheidungen herstellen. Ihr Körper ist nicht segmentiert, aber – wie bei allen Hemichordata – in drei Teile gegliedert. Sie besitzen 1 - 20 Fühler (Abb. 49 B), die dem ersten Abschnitt entspringen in einer Anzahl von 200. Ihr innerer Aufbau ist sehr einfach, weil Verdauungs- und Stützrohr sowie Mund, After und Kiemenspalten fehlen. Ihre Verdauung erfolgt außerhalb des Körpers durch die Ausscheidung von Verdauungsenzymen über die Fühler. Ihr Kreislaufsystem ist geschlossen und sehr gut entwickelt. Das Nervensystem ist dem der Eichelwürmer vergleichbar. Auch ihre Larven ähneln den Batesonschen Larven der Eichelwürmer. Insgesamt ist wenig über ihre Biologie bekannt. Ihre Verbreitung ist weltweit. Die Pogonophora können wegen ihres dreiteiligen Aufbaus und des ringförmigen Nervensystems als wahre Deuterostomia angesehen werden, mit Verwandschaft zu den Tentaculata, den Hemichordata und den Stachelhäutern. Da ihnen aber das Stützrohr, der Verdauungsapparat und die Kiemenspalten fehlen und die Fühler am Vorderkörper ansetzen, fehlen ihnen typische Merkmale der Hemichordata. Einige Forscher ordnen sie deshalb abseits der Hemichordata in einen eigenen systematischen Stamm ein.

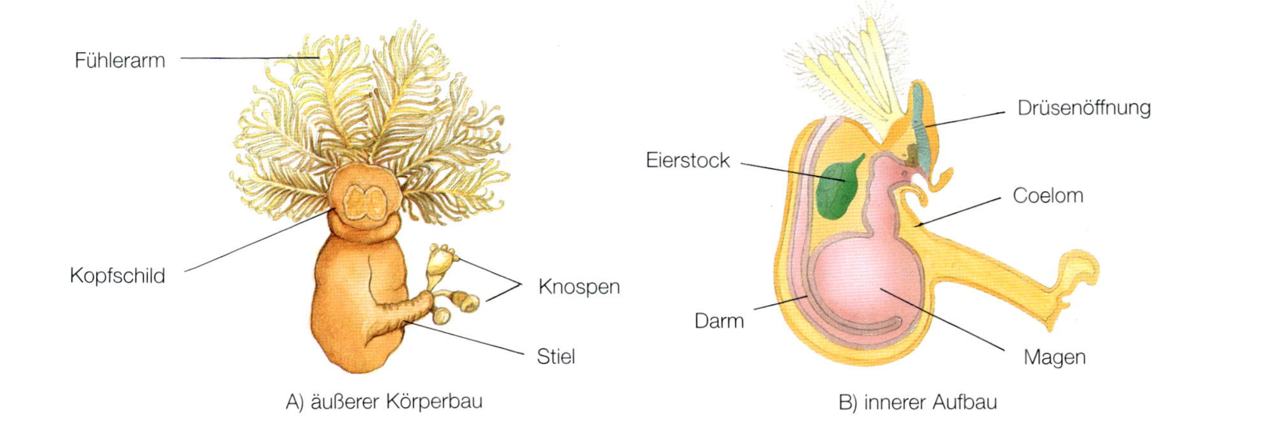

Abb. 47. Pterobranchia.

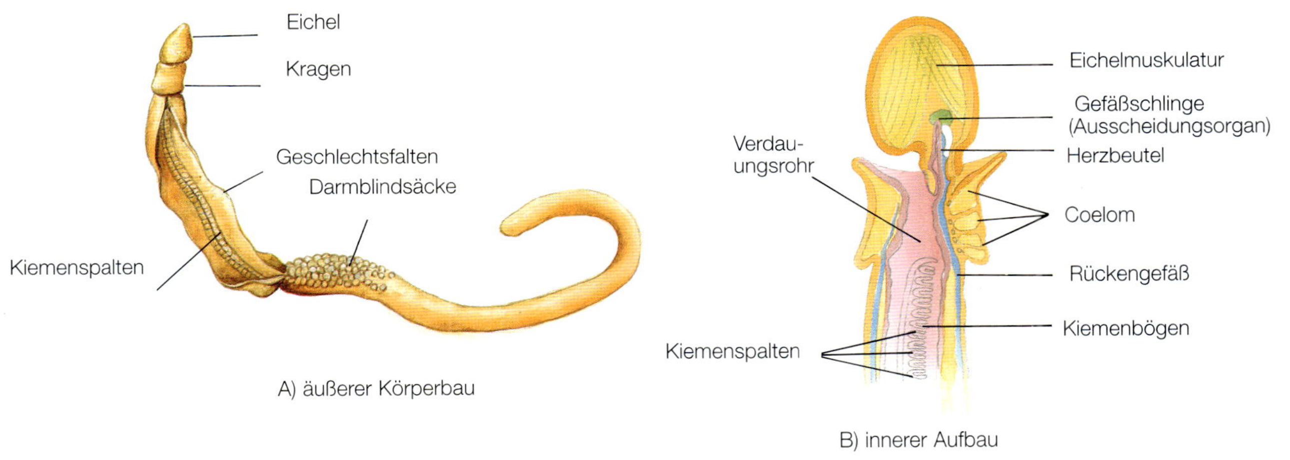

Abb. 48. Eichelwürmer.

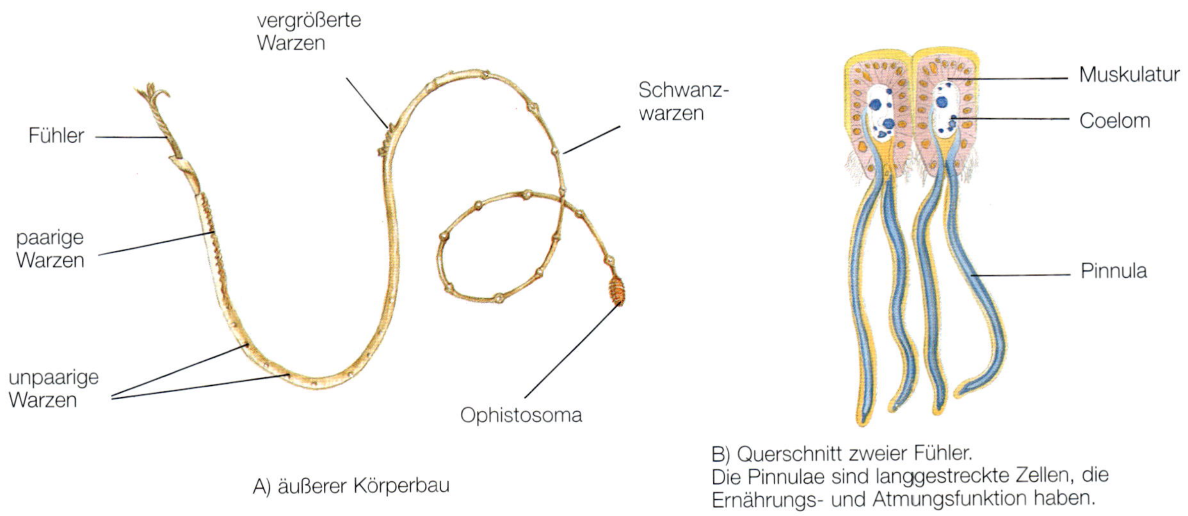

Abb. 49. Pogonophora.

Allgemeine Merkmale. Seelilien und Seegurken

Die Echinodermata sind Meeresbewohner mit ringförmigem Nervensystem und einem Hautskelett aus Kalkstacheln (Abb. 50 A). Diese Stacheln sind bei den Seegurken klein; bei den Seeigeln werden sie zu gestachelten Platten mit beweglichen pinzettenähnlichen Fühlern, den Pedicellarien, und bilden einen Körperpanzer. Die erwachsenen Tiere haben meist eine fünfstrahlige Symmetrie (Abb. 50), die aus ihrer achsensymmetrischen Larve sekundär entwickelt wird. Die Larve entspricht in ihrem Aufbau einer theoretischen Urform der zweischichtigen Larven, genannt Dipleurula (Abb. 51 und 52). Der Körper der Stachelhäuter und damit auch ihr Hautskelett ist von einer Epidermis bedeckt. Er besteht aus fünf gleich aufgebauten Bereichen, die man Radien oder Ambulakren nennt und die durch sogenannte Interradien oder Interambulakren getrennt werden.

Das Verdauungsrohr ist unvollständig, da in manchen Fällen der After fehlt. Das Kreislaufsystem ist stark zurückgebildet. Ein hochentwickeltes wassergefülltes Gefäßsystem mit zahlreichen Füßchen (Ambulakralfüße) ist für die Fortbewegung, den Nahrungserwerb und die Atmung zuständig. Dieser sogenannte Ambulakralapparat ist mit dem umgebendem Meerwasser über Poren in einer Hautplatte (Madreporenplatte) verbunden. Zusätzlich zur Atmung über den Ambulakralapparat können kleine Kiemen oder verzweigte Wasserlungen auftreten. Das Nervensystem ist ringförmig und bildet kein differenziertes Gehirn aus.

Die getrenntgeschlechtlichen Tiere weisen meist eine äußere Befruchtung und eine indirekte Entwicklung auf.

Ihr Lebensraum ist das Meer, wo sie frei oder am Grund festsitzend vorkommen können.

Es gibt verschiedene Ansichten zu ihrer Stammesgeschichte. Während einige die Stachelhäuter als rückgebildete Formen von hochentwickelten Vorläufern betrachten, sind sie für andere nahe den Ursprungsformen der Chordatiere einzuordnen, zu denen auch die Wirbeltiere gehören. Für letztere Ansicht sprechen gemeinsame Merkmale mit ihnen, z. B. die Art der Eifurchung, das Innenskelett und die Larvenform.

Die Einordnung wird anhand der Anzahl der Geschlechtsporen und der äußeren Gestalt vorgenommen:

DIE KLASSE DER SEELILIEN

Sie besitzen nur einen Geschlechtsporus. Ihre Fühlerarme zeigen nach oben. Sie sehen Blumen ähnlich, da sie einen Kelch aus den Platten des Hautskeletts bilden, von dessen Rand die Fühlerarme ausgehen. Die Arme sind mit kleinen Seitenzweigen, den Pinnulae, versehen. Einige sind mit einem Stiel an der Auflage festgeheftet (Abb. 53 A). Der Mund und der After befinden sich auf der Oberseite der Körperscheibe im Kelch. Sie haben ein sehr gutes Regenerationsvermögen. Die Nahrung besteht aus Plankton, das sie mit den Fühlerarmen auffangen und zum Mund führen.

Sie leben angefangen von der Gezeitenzone bis hin zu Tiefen von 5.500 m. Ihr Körper ist sehr farbenprächtig. Die Gattung Antedon ist typisch für diese Klasse (Abb. 53 A).

DIE KLASSE DER SEEGURKEN

Auch sie besitzen nur einen Geschlechtsporus, aber bei ihnen sind die Fühlerarme so mit dem Rumpf verwachsen, daß sie nicht mehr erkennbar sind. Ihr Körper ist gurkenförmig (Abb. 54 A). Auf der Körperoberseite treten Ambulakralfüßchen als Atmungs- und Tastsinnesorgane auf. An der Körperunterseite gibt es drei Bereiche mit Füßchen, die mit Saugnäpfen versehen sind und zur Fortbewegung dienen. Das Skelett ist zu winzigen Kalknadeln zurückgebildet. Das flüssigkeitsgefüllte Coelom stützt den Körper (Hydroskelett) und wirkt bei der Fortbewegung als Gegenspieler zur Muskulatur. Das Verdauungsrohr weist Mund und After auf der entgegengesetzten Körperseite auf (Abb. 54 B).

Die Atmung erfolgt über bäumchenförmig verzweigte Wasserlungen, die vom Enddarm ausgehen. Seegurken leben in der Regel am Meeresgrund und ernähren sich von organischen Resten und Schwebstoffen.

Die Gattungen Pelagothuria als freischwimmende Form sowie Cucumaria und Holothuria mit sehr gutem Regenerationsvermögen sind Vertreter dieser Klasse.

Klasse	Merkmale
Seelilien	Gegliedert in Stiel, Kelch und Arme; eine Geschlechtspore
Seegurken	Gurken oder Walzenform; eine Geschlechtspore
Seesterne	Sternform; fünf Geschlechtsporen
Schlangensterne	Stern klar in Scheibe und Arme gegliedert; fünf Geschlechtsporen
Seeigel	Kugelform, z.T. abgeflacht; fünf Geschlechtsporen

DIE KLASSE DER SEESTERNE

Seesterne sind fünfstrahlig organisiert. Der Körper mit einer Zentralscheibe und fünf oder mehr Armen bildet sich während der Embryonalentwicklung über ein rundes und ein fünfeckiges Stadium. Die Skelettplatten sind gelenkig miteinander verbunden. Die Atmung erfolgt über die für die Seesterne typischen Papulae, kleine Bläschen in den Lücken zwischen den Skelettplatten. Seesterne leben meist räuberisch, wobei viele auf den Fang von Muscheln spezialisiert sind.

DIE KLASSE DER SEEIGEL

Seeigel haben eine kugelige bis ovale Körperform. Die Skelettplatten sind fest miteinander verbunden und bilden eine feste Schale. Diese ist von Epidermis überzogen, die Schale ist also ein Endoskelett. In der Regel sind Seeigel dicht mit langen Stacheln besetzt, zwischen denen lange, dreiklappige Pedicellarien sitzen. Die meisten Seeigel leben als Weidegänger der Meeresböden von der Gezeitenzone bis in die Tiefsee.

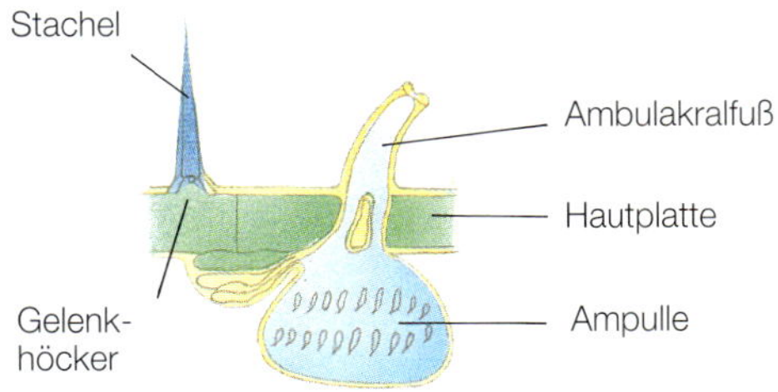

Abb. 50 A. Hautskelett.

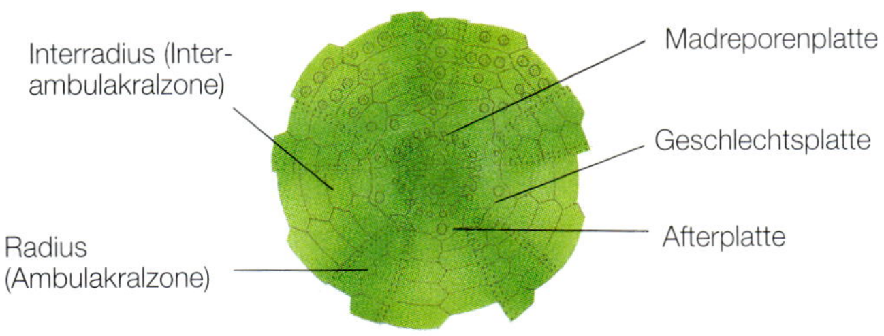

Abb. 50. Strahlensymmetrie. Rückenansicht des Seeigelpanzers mit typischen Elementen.

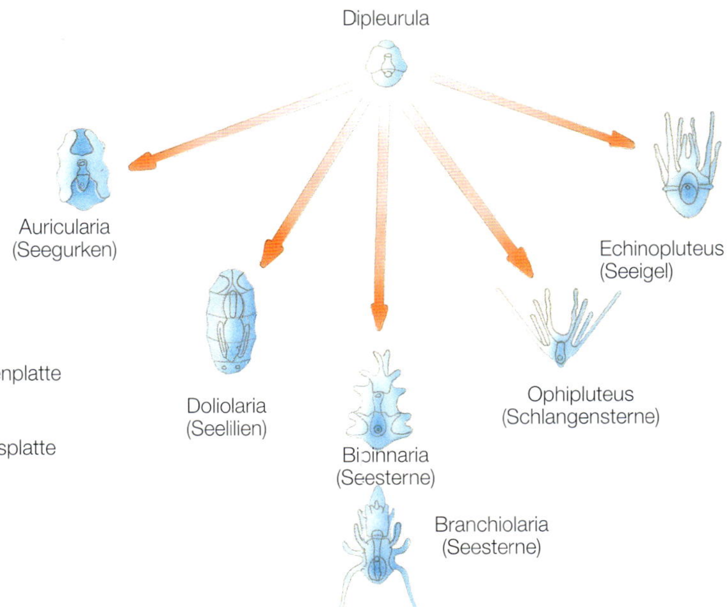

Abb. 51. Evolution der Larvenformen ausgehend von ihrer theoretisch vermuteten Urform. Angegeben sind die Larvennamen und, in Klammern, die Gruppen, in denen sie vorkommen.

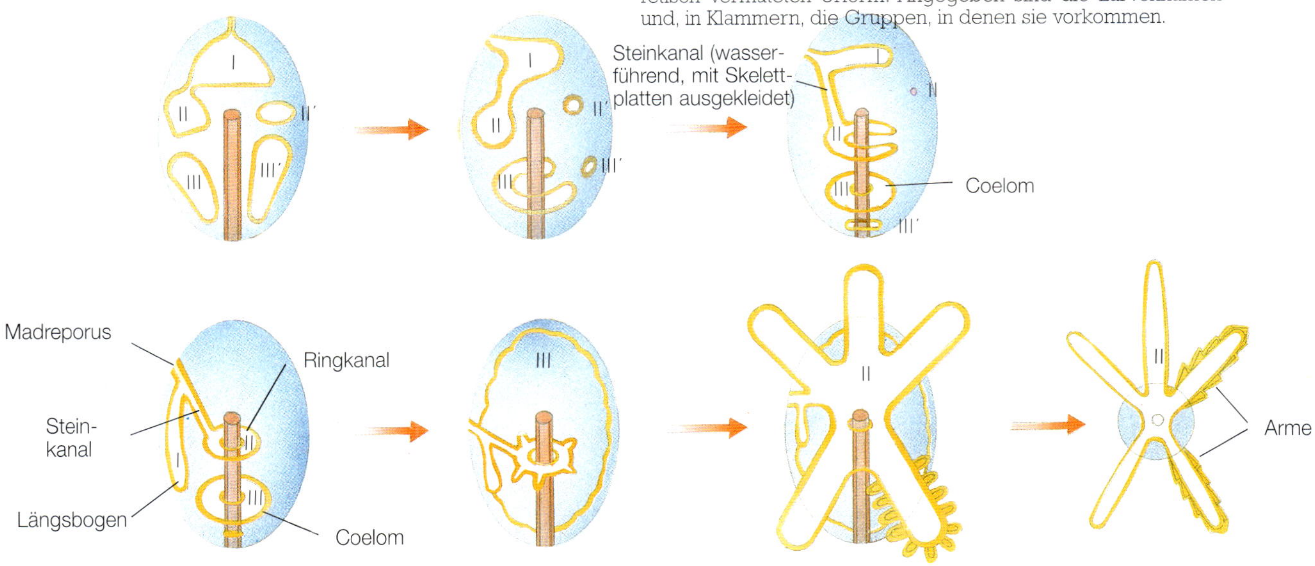

Abb. 52. Evolution der Coelome der verschiedenen Larvenformen. Bemerkenswert ist der Übergang von der Achsensymmetrie zur fünfstrahligen Symmetrie.

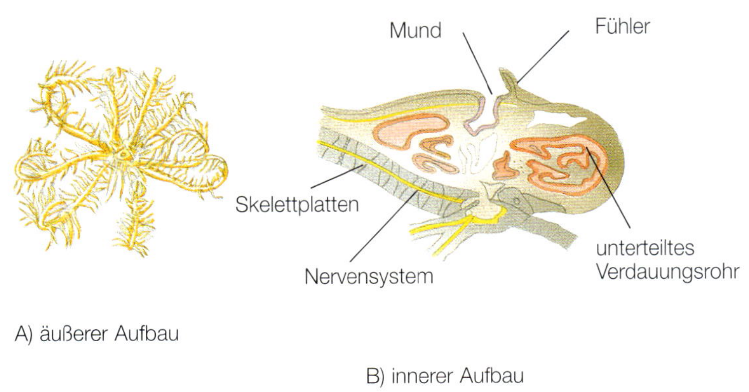

Abb. 53. Seelilien.

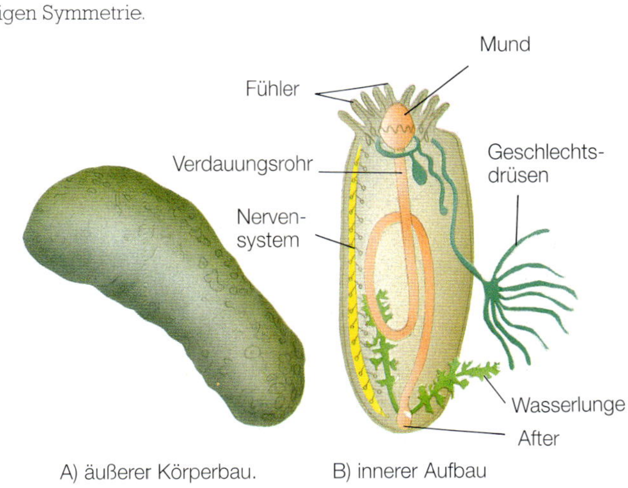

Abb. 54. Seegurken.

DIE WIRBELTIERE (VERTEBRATA)

Einteilung

Der Stamm der Wirbeltiere (Vertebrata) wird in zwei große Gruppen unterteilt (Abb. 55):

Die Überklasse der Kieferlosen (Agnatha). Sie umfaßt Formen ohne Kiefer und Gliedmaßen. Hier handelt es sich um fischförmige, sehr spezialisierte Tiere. Die heute lebenden Vertreter dieser Gruppe, deren bekannteste Vertreter die Neunaugen sind, gliedern sich in zwei Klassen:

1.) Die Klasse der Cephalaspidamorpha
2.) Die Klasse der Pteraspidamorphen

Die Überklasse der Kiefermünder (Gnathostomata). Sie umfaßt alle übrigen Wirbeltiere mit Unter- und Oberkiefer und Gliedmaßen. Sie wird unterteilt in:

3.) Die Klasse der Knorpelfische (Elasmobranchiimorphen)
4.) Die Klasse der Knochenfische (Osteichthyes)
5.) Die Klasse der Lurche (Amphibia)
6.) Die Klasse der Reptilien (Reptilia)
7.) Die Klasse der Vögel (Aves)
8.) Die Klasse der Säugetiere (Mammalia)

Die Klassen 3 und 4 bilden zusammen mit einigen schwer zu klassifizierenden fossilen Formen die Gruppe der echten Fische. Kennzeichen dieser früher als Klasse der Fische bezeichneten Gruppe sind die zu Flossen umgebildeten Gliedmaßen und Kiemenspalten.

Die Klassen 5, 6, 7 und 8 bilden die Gruppe der sogenannten Landwirbeltiere (Tetrapoda), deren Merkmale die handförmig ausgebildeten Gliedmaßen und Luftatmung sind.

Die Klassen 1, 2, 3, 4 und 5 legen ihre Eier im Wasser und besitzen keine Embryonalhüllen (Amnion), sie werden daher auch als Anamnia bezeichnet. Die Klassen 6, 7 und 8 dagegen weisen diese Embryonalhüllen auf und werden deshalb auch unter der Bezeichnung Amniota zusammengefaßt.

Eine letzte Einteilung läßt sich schließlich hinsichtlich der Körpertemperatur treffen.

Die Klassen 1 bis 6 umfassen Lebensformen, die nicht imstande sind, ihre Körpertemperatur zu regulieren, also Wechselwarmblüter sind. Ihnen gegenübergestellt werden die Lebewesen der Klassen 7 und 8, die ihre Körpertemperatur durch Produktion eigener Wärme auf hohem Niveau halten können, unabhängig von der Außentemperatur. Sie werden als Warmblüter bezeichnet.

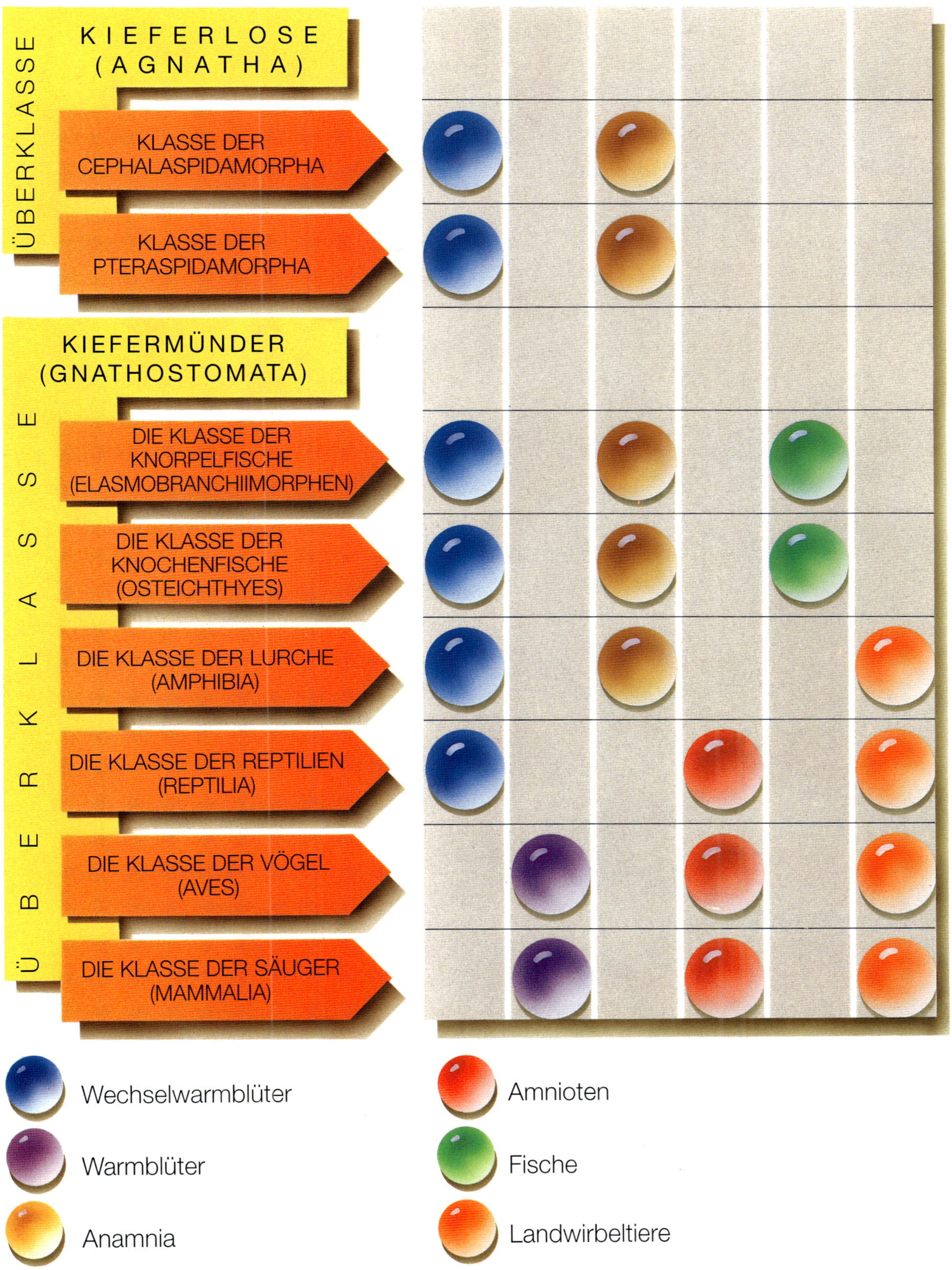

Abb. 55. Die Wirbeltiere. Einteilung in Großgruppen.

Hauptmerkmale. Klassifizierung

HAUPTMERKMALE

Zu der Gruppe der Kieferlosen gehören die primitivsten und urtümlichsten aller Wirbeltiere. Es handelt sich um Anamnier, die durch das Fehlen von Kieferknochen gekennzeichnet sind. Infolgedessen bleibt der Mund dieser Tiere immer geöffnet. Ihr Körper ist fischförmig und zylindrisch und besitzt nicht einmal im Embryonalstadium paarige Gliedmaßen. Die Kieferlosen weisen nur eine einzige Nasenöffnung auf.

Es sind zahlreiche fossile Formen aus dem Erdaltertum bekannt, als diese Lebewesen entstanden und ihre Blütezeit erlebten. Die frühesten bekannten Formen waren wahrscheinlich Meeresbewohner, ihr Skelett war knöchern, nicht knorpelig

Im Hinblick auf die lebenden Formen, deren Bauplan bekannt ist, lassen sich weitere Merkmale aufzeigen:

Atmungsorgan. Die Atmung erfolgt durch Kiemen in unterschiedlicher Anzahl, die sich in den Rachenspalten befinden.

Blutkreislauf. Sie besitzen ein Herz mit einer Vorkammer und einer im Vergleich kleineren Kammer. Der Kreislauf ist einfach und vollständig geschlossen.

Ausscheidung. Die Kieferlosen besitzen bereits Nieren, die allerdings noch sehr primitiv sind. In einigen Fällen entstehen die Nieren aus der embryonalen Urniere, in anderen aus der Vorniere. Die osmotische Balance können sie sowohl im Süß- wie im Salzwasser wahren.

Fortpflanzung. Vermutlich treten diese Lebewesen sowohl als Zwitter als auch als Männchen und Weibchen auf. Im ersten Fall liegt eine gemischte, paarige Keimdrüse, im zweiten jeweils eine beim männlichen und weiblichen Tier vor. Die Befruchtung erfolgt außerhalb des Körpers. Die Entwicklung vollzieht sich in bestimmten Fällen direkt, in anderen indirekt.

Skelett. Die Kieferlosen weisen eine Rückensaite (Chorda dorsalis) auch im Erwachsenenstadium auf. Das Skelett der heute lebenden Formen ist knorpelig, das der fossilen Formen knöchern. Dem gegenwärtigen Stand der Forschung zufolge ist Knochen ein weniger weit entwickeltes Material als der Knorpel, was die oben genannte Tatsache erklären könnte. Der Schädel ist klein und oben nicht geschlossen.

Haut. Schuppen sind nicht vorhanden, die Haut ist weich und mit vielen Schleimdrüsen ausgestattet.

Nervensystem. Das Hirn dieser Lebewesen weist ein nur gering ausgebildetes Kleinhirn, verlängertes Mark und zehn Paar Hirnnerven auf. Die Rückgratsnerven weisen allerdings noch zwei getrennte, unabhängige Wurzeln auf (eine für die Sinneswahrnehmung, eine für die Bewegung). Wie alle fischförmigen Wirbeltiere besitzen die Kieferlosen besondere sensoriale Organe, die an den Körperseiten linienförmig angeordnet sind und auf Bewegungen und Vibrationen des Wassers reagieren (Seitenlinienorgane). Sehvermögen und Geruchssinn sind gut ausgebildet.

KLASSIFIZIERUNG

Die Überklasse der Kieferlosen umfaßt mehrere Klassen. Vertreter von zwei dieser Klassen haben bis heute überlebt. Diese bilden innerhalb ihrerer Klassen, neben mehreren ausgestorbenen, eigene Unterklassen:

Die Klasse der Cephalaspidomorpha. Zu ihr gehört unter anderen die Unterklasse der Petromyzonten, der auch die Neunaugen zugeordnet werden. Diese Lebewesen besitzen ein rundes, mit Hornzähnen bestücktes Saugmaul (Abb. 58), eine Nasenhöhle, die nicht mit der Mundhöhle verbunden ist und sich auf der Oberseite des Schädels befindet, und sieben paarige Kiemenspalten. Es gibt räuberisch und parasitär lebende Salzwasserformen (Meerneunauge, Petromyzon marinus) (Abb. 56 und 60) und Süßwasserformen, wie beispielsweise das Bachneunauge (Lampetra fluvialis).

Die Klasse der Petraspidomorpha. Sie umfaßt die Unterklasse der Myxinoidea, die im Meer lebende Formen zusammenfaßt. Anzutreffen sind diese Lebewesen auf schlammigen Meeresböden. Ihr Mund (Abb. 59) weist vier doppelte Seitententakel auf. Die Tiere besitzen kein Saugmaul und sehr viel weniger Zähne als die Petromyzonten. Allerdings ist ihre Nasenhöhle durch einen Gang mit dem Mund verbunden. Einige Arten weisen bis zu 14 Kiemenspalten auf. Als Beispiel dieser Gruppe sei der Inger (Myxine) genannt.

Abb. 56. Meerneunauge (Petromyzon marinus). Der Schwanz läuft spitz zu. Die beiden Rücken- und Schwanzflossen dieser Lebewesen werden durch eine einfache Hautfalte gebildet.

Abb. 57. Schleimaal (Myxine glutinosa). Diese Tiere besitzen lediglich eine Schwanzflosse und, von außen betrachtet, nur ein Paar Kiemenspalten. Am ganzen Körper weisen sie Schleimdrüsen auf. Die Augen liegen unterhalb der Haut.

Abb. 58. Mundöffnung der Petromyzonten, sie besteht aus dem Saugnapf und zahlreichen Hornzähnen.

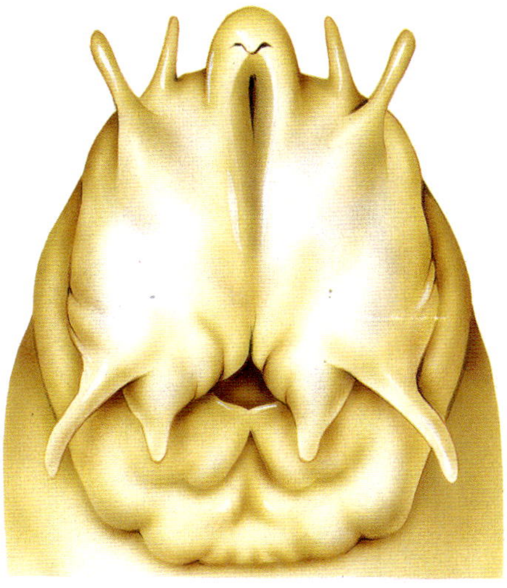

Abb. 59. Mundöffnung der Myxinoidea. Der Saugnapf fehlt. Die Hornzähne, die in Zweierreihen über der Zunge liegen, sind weniger zahlreich. Diese Lebewesen weisen vier doppelte Seitententakel am Kopf auf.

Abb. 60. Meerneunauge (Petromyzon marinus), das sich parasitär von einem Fisch ernährt.

Hauptmerkmale

Knorpelfische sind wechselwarme Wirbeltiere, die zur Überklasse der Kiefermünder (Gnathostomata) gehören. Sie sind Anamnier, besitzen Ober- und Unterkiefer, einen spindelförmigen Körper, paarige Brust- und Bauchflossen. Auch die Nasenöffnungen sind paarig. Es handelt sich um eine homogene, hauptsächlich in den Meeren beheimatete Gruppe. Kennzeichen dieser Fische ist ihr vollständig verknorpeltes Skelett. Die Schwimmblase fehlt ihnen ganz. Andere wichtige Merkmale sind:

Haut. Die Haut der Knorpelfische weist zahlreiche Schleimdrüsen auf und ist von Placoidschuppen, echten Zähnen mit Schmelzüberzug bedeckt (Abb. 61).

Skelett. Die Wirbelsäule besteht aus knorpeligen Wirbeln, die von der Rückensaite (Chorda dorsalis) durchzogen sind. Im Unterschied zu den Kieferlosen ist der Schädel bereits geschlossen. Abgesehen von den paarigen besitzen diese Fische auch unpaarige Flossen: Rückenflosse, Schwanzflosse und Afterflosse.

Atmungsorgan. Knorpelfische atmen durch Kiemen, deren Anzahl je nach Art zwischen 5 und 7 Paaren schwankt und die von keinerlei Kiemendeckeln verschlossen sind. Das erste Paar Kiemenspalten hat sich zu dem hinter den Augen liegenden Spritzloch (Spiraculum) umgewandelt und beherbergt ein spezielles Sinnesorgan.

Blutkreislauf. Das Herz der Knorpelfische besteht aus zwei Kammern, der Vorkammer und der Herzkammer. Der Blutkreislauf ist einfach und vollständig geschlossen. Der Herzkranzkreislauf hat sich stark weiterentwickelt.

Verdauungsorgane. Der Mund der Knorpelfische ist mit Zähnen bestückt (Abb. 62), die aus abgewandelten Placoidschuppen gebildet sind und ständig nachwachsen. Die Speiseröhre ist kurz und kaum vom Magen zu unterscheiden, der häufig in der Form eines »J« ausgebildet ist. Der schmale Darm ist sogar noch kürzer als der Magen und von einer Spiralfalte (Abb. 63) gekennzeichnet, die die Oberfläche des Darms steigert. Es schließ ein kleiner Rectus (Mastdarm) mit Rectaldrüse an, deren Funktion noch nicht abschließend erforscht ist, es wird jedoch angenommen, daß diese Drüse eine schleimige Flüssigkeit absondert, mit deren Hilfe das Ausscheiden der Exkremente erleichtert wird.

Die Leber ist sehr groß, zweilappig und mit dem Darm durch einen Gallengang verbunden. Bei der Gruppe der Knorpelfische wird diesem Organ venöses Blut durch eine Pfortader vom Verdauungstrakt zugeführt. Bei einigen Arten kann die Gallenblase auch fehlen. Die Bauchspeicheldrüse ist deutlich ausgebildet und sitzt zwischen Magen und Darm. Der einzige Bauchspeicheldrüsenleiter mündet in den Zwölffingerdarm.

Nervensystem. Das Gehirn ist groß und sehr viel höher entwickelt als bei den Kieferlosen. Besonders hervorstechend ist die Ausbildung der Riechlappen am Vorderhirn. Wie alle Anamnia besitzen die Knorpelfische 10 Paar Hirnnerven. Die beiden vom Rückenmark entspringenden Nervenstränge verschmelzen bereits bei den Knorpelfischen unmittelbar hinter ihrer Wurzel. Knorpelfische besitzen ein sympathisches Nervensystem, das sich aus einem unregelmäßigen Strang von Nervenknoten zusammensetzt, sich aber nicht bis ins Gehirn erstreckt.

Von den Sinnesorganen sind Geruch, Sehvermögen und Seitenlinienorgan gut ausgebildet. Das Verhalten ist vorwiegend instinktbedingt.

Ausscheidung. Die Knorpelfische besitzen zwei Urnieren mit einem eigens auf die Aufnahme von Harnstoff spezialisierten Abschnitt. Diese Fischgruppe weist einen hohen Harnstoffgehalt im Blut auf, man vermutet deshalb, daß ihre Vorfahren im Süßwasser beheimatet waren und die Beibehaltung des hohen Harnstoffgehalts eine Anpassung an das Salzwasser möglich machte, ohne daß es zu Schwierigkeiten mit der osmotischen Balance kam. Das Blut der Knorpelfische ist dadurch isotonisch oder nur leicht hypertonisch im Vergleich zum Salzwasser.

Fortpflanzung. Die Hoden sind paarig und symmetrisch angeordnet, ihre Größe schwankt je nach Stadium der Fortpflanzungsperiode. Die männlichen Tiere besitzen Begattungssorgane, Umbildungen der Bauchflossen (Abb. 64). Bei den weiblichen Tieren ist bei vielen Arten lediglich der rechte Eierstock gut ausgebildet, der wenige, aber nährstoffreiche Eier produziert. Die Befruchtung vollzieht sich innerhalb des Körpers. Die Eier sind sehr voluminös und von einer Schale umgeben. Die Entwicklung erfolgt direkt, in der Regel sind Knorpelfische eierlegende Tiere (Ovipare). Es gibt allerdings auch Fälle, in denen die Jungen lebend zur Welt gebracht werden (Viviparie) oder aber Eier mit bereits entwickelten Jungtieren gelegt werden (Ovoviviparie).

KLASSIFIKATION

Die Klasse der Knorpelfische wird in zwei Unterklassen eingeteilt:

Die Unterklasse Elasmobranchii
Zu ihr werden vier Überordnungen gezählt, von denen drei nur fossil bekannt sind. Sie besitzen ein Spritzloch und 5 - 7 Kiemenpaare. Zu dieser Gruppe gehören die Haie und die Rochen.

Die Unterklasse der Holocephali
Sie sind Bewohner der Tiefsee und nur mit wenigen rezenten Arten bekannt. Placoidschuppen besitzen diese Tiere nur an Kopfanhängen. Sie vermitteln zwischen den Knorpel- und den Knochenfischen. Primitive Merkmale dieser Gruppe sind das Vorhandensein des Notochords und wenig entwickelte Wirbel. Fortschrittliche Merkmale sind Kiemendeckel, das Fehlen des Spritzloches und Zähne, die denen der Knochenfische ähneln. Zu dieser Gruppe zählen die Chimären.

Abb. 61. Haut eines Knorpelfisches. Deutlich sichtbar die Placoidschuppen, die in der chemischen Zusammensetzung und in ihrer Struktur echten Zähnen homolog sind.

Abb. 62. Kiefer eines Mako, Isurus oxyrhychus, einer besonders gefräßigen Haifischart. Die Zähne, die das ganze Leben lang nachwachsen, sind abgewandelte Placoidschuppen.

Abb. 63. Spiralfalte des Darms.

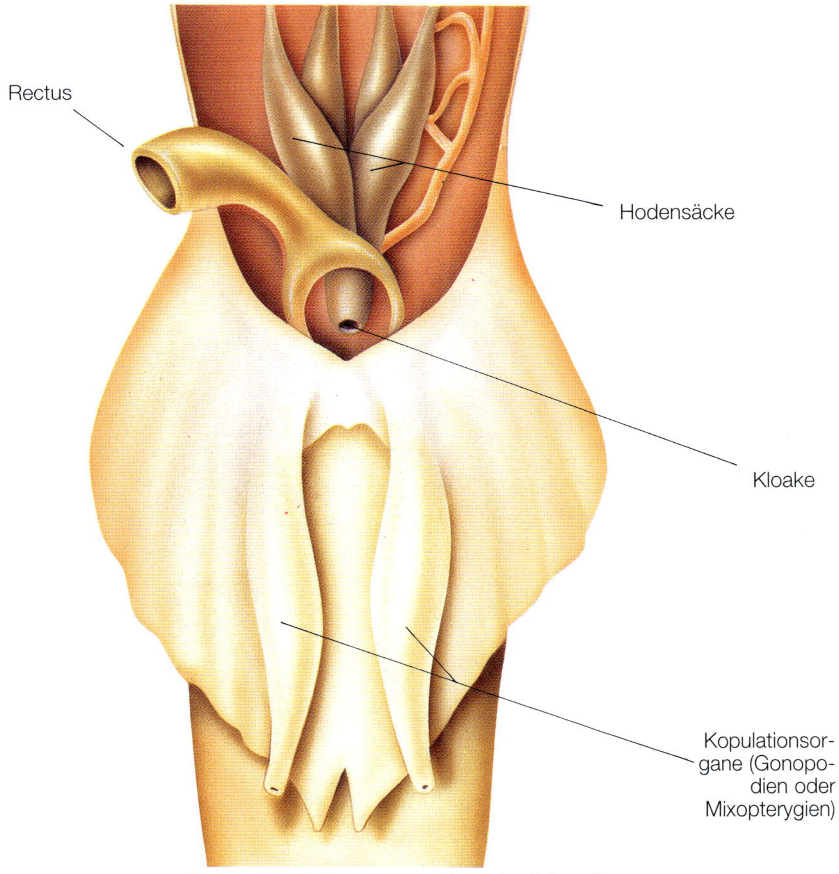

Abb. 64. Die Kopulationsorgane der männlichen Knorpelfische, die auch als Gonopodien oder Mixopterygien bezeichnet werden, sind Abwandlungen der Bauchflossen. Da sie mit einem Schwellkörper ausgestattet sind, kommt es zu einer inneren Befruchtung.

Hauptmerkmale

Knochenfische sind wechselwarme Anamnia. Diese Wirbeltiere haben Ober- und Unterkiefer, und im Unterschied zu den Knorpelfischen ist ihr Skelett mehr oder weniger knöchern. Die Mundöffnung befindet sich in aller Regel an der Spitze des Kopfes, und die Kiemenspalten sind von Kiemendeckeln bedeckt. Diese artenreichste Klasse faßt eine hinsichtlich der Formen, Größe und Lebensräume ungeheuer vielgestaltige Gruppe zusammen. So stehen den 3000 Arten, die den Knorpelfischen zugeordnet werden, mehr als 20.000 Knochenfischarten gegenüber. Es gibt sowohl Süß- als auch Salzwasserbewohner. Andere Merkmale, die sie von den Knorpelfischen unterscheiden, sind:

Haut. Knochenfische weisen drei Arten von Schuppen auf: Schmelz-, Rund-, und Kammschuppen (Abb. 65).

Skelett. Das Skelett ist mehr oder minder knöchern. Die Wirbelsäule setzt sich aus Wirbelknochen zusammen, in denen oftmals noch ein Rest der Rückensaite (Chorda dorsalis) fortbesteht. Zwar scheint die Schwanzflosse von außen betrachtet in aller Regel symmetrisch aus zwei gleich großen Hälften zu bestehen, von innen besehen beschreibt die Wirbelsäule hier aber eine starke Krümmung nach oben und bildet die sogenannte homozerke Schwanzflosse (Abb. 66).

Atmungsorgan. Knochenfische atmen durch innere, mit einem Deckel versehene Kiemen. Normalerweise besitzen sie vier paarige Kiemenspalten, das Spritzloch (Spiraculum) ist in der Regel verschwunden (Abb. 67). Es gibt allerdings eine Gruppe, die Lungenfische (Dipnoi), die auch mit ihrer Schwimmblase atmen können. In diesem Fall funktioniert die Schwimmblase wie eine Lunge.

Blutkreislauf. Im großen und ganzen ähnelt er dem Kreislauf der Knorpelfische: zweikammeriges Herz, einfacher und vollständig geschlossener Blutkreislauf. Bei den Lungenfischen (Dipnoi) läßt sich allerdings bereits der Ansatz einer Trennwand innerhalb der Herzkammer feststellen. Bei dieser Gruppe findet schon fast kein Austausch des arteriellen und venösen Bluts mehr statt, es kommt zu zwei getrennten Kreislaufsystemen.

Verdauungsorgane. Der Mund ist in der Regel von kegelförmigen Zähnen besetzt. Die Speiseröhre ist kurz und geht übergangslos in den Magen über, der sehr unterschiedlich ausgebildet sein kann. Der schmale Darm weist normalerweise keine Spiralfalte mehr auf, allerdings gibt es auch Arten, bei denen sie vollständig oder teilweise noch vorhanden ist. Bei vielen Arten treten Blinddärme auf, deren Anzahl zwischen 1 und 200 schwankt. Es schließt der Dickdarm an, der bei manchen Arten unmittelbar ins Freie, bei anderen in die Kloake mündet.

Die große Leber ist gelappt und weist eine Gallenblase auf. Die Bauchspeicheldrüse hingegen besteht aus zahlreichen, kaum erkennbaren Drüsen.

Unterhalb des Verdauungstraktes liegt die dünnwandige, mit Gasen gefüllte Schwimmblase. Bei primitiven Formen ist sie durch eine Röhre mit dem Darm verbunden. Bei höher entwickelten Formen ist sie hingegen unabhängig (Abb. 68). Sie dient entweder zur Atmung, wie im Fall der Lungenfische, oder hat eine hydrostatische Funktion und erlaubt es den Fischen, in jeder Wassertiefe frei zu schweben. Manche Theorien gehen auch davon aus, daß Fische mit der Schwimmblase Töne erzeugen.

Nervensystem. Das Gehirn unterscheidet sich lediglich durch die höhere Entwicklungsstufe vom Gehirn der Knorpelfische. Auch die Knochenfische besitzen zehn Paar Hirnnerven. Das autonome Nervensystem ist höher entwickelt als bei den Knorpelfischen, da sich das sympathische Nervensystem bin in das Gehirn hinein erstreckt. Von den Sinnesorganen sind vor allem Augen, Geruchs- und Geschmackssinn gut ausgebildet. Die Seitenlinienorgane weisen ein hohes Entwicklungsstadium auf. Das Verhalten der Knochenfische ist hauptsächlich instinktgeleitet, zweifellos sind diese Fische aber auch lernbegabt, vor allem durch konditionierte Reflexe.

Ausscheidung. Wie die Knorpelfische besitzen auch die Knochenfische zwei längliche Urnieren. Die Knochenfische sind gegenüber Meerwasser hypotonisch. Osmotische Probleme treten dank einer fast wasserundurchlässigen Haut und einiger an den Kiemen sitzender, überschüssige Salze aussondernder Drüsen, nicht auf.

Fortpflanzung. Die männlichen Tiere besitzen zwei längliche Hoden, die Weibchen zwei während der Fortpflanzungsperiode geräumige Eierstöcke. Die Befruchtung findet außerhalb des Körpers statt. Die Eier sind größer als die der Knorpelfische. Es gibt auch Fälle, in denen die Jungtiere lebend zur Welt gebracht werden oder als bereits im Ei entwickelte Jungtiere geboren werden. Die Entwicklung erfolgt in der Regel direkt, kann aber in bestimmten Fällen auch indirekt mit Larvenstadium erfolgen.

Abb. 65. Schuppenarten. a) Schmelzschuppen; sie sind mit Ganoid, einer durchsichtigen, glänzenden und harten Substanz überzogen. Schmelzschuppen sind dachziegelartig angelegt und bilden diagonale Linien.

b) Rundschuppen (Cycloidschuppen): Die gewöhnlichsten und häufigsten Schuppen, an ihrer Oberfläche verlaufen konzentrische Linien, die Wachstumslinien, anhand derer sich das Alter der Fische bestimmen läßt.

c) Kammschuppen: Sie ähneln den Rundschuppen, weisen aber auf einer Seite Zacken auf.

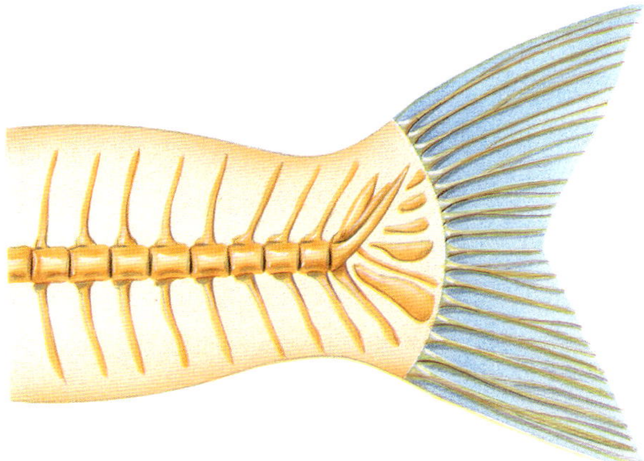

Abb. 66. Bau einer homozerken, das heißt einer aus gleich großen Hälften bestehenden Schwanzflosse. Man beachte, daß die äußere Symmetrie nicht auf eine entsprechende innere Symmetrie zurückzuführen ist.

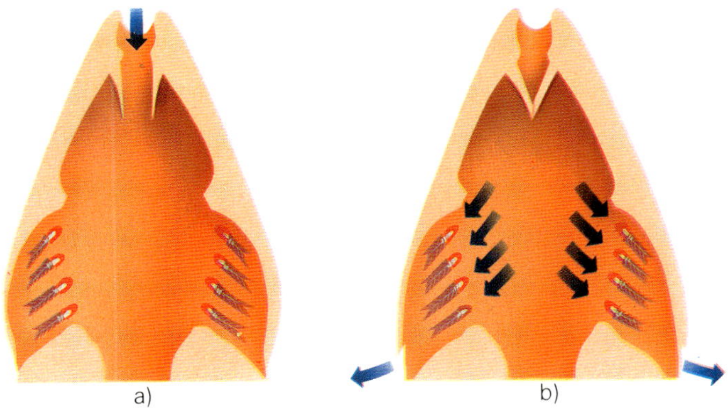

Abb. 67. Atmungsorgan der Knochenfische und seine Funktionsweise a) Wasser wird durch den Mund eingesogen, die Deckel der Kiemenspalten sind geschlossen. b) Der Mund wird von einem Ventil verschlossen, das Wasser umspült die Kiemen und tritt dann durch die Kiemenspalten aus, die Kiemendeckel sind geöffnet.

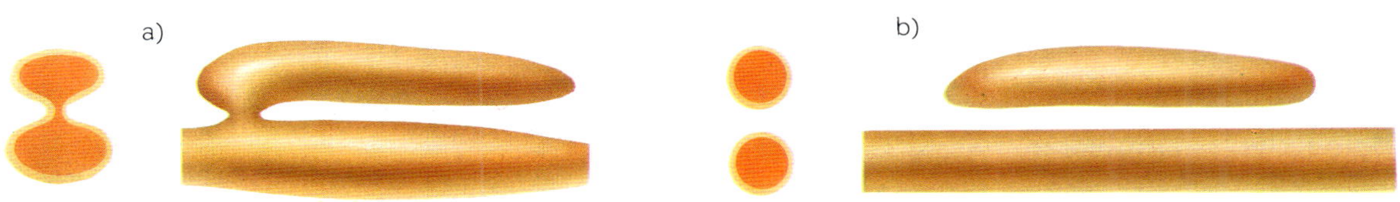

Abb. 68. Schwimmblase: a) mit Verbindungsgang zum Darm über eine Luftröhre zum Rachen; b) ohne Verbindungsgang.

Klassifizierung

Die heute lebenden Knochenfische lassen sich gegenwärtig in zwei große Unterklassen gliedern: Die Strahlenflosser (Actinopterygii) und die Lungenfische und Quastenflosser (Choanichthyes).

DIE UNTERKLASSE DER STRAHLENFLOSSER

Sie umfaßt mehr als 40 Untergruppen lebender Formen und 6 Untergruppen fossiler Formen. Die bekanntesten Fischarten sind in dieser Unterklasse vertreten. Hauptmerkmal ist der Bau der paarigen Flossen, diese werden lediglich von einigen knöchernen Stäbchen, den Flossenstrahlen, gestützt. Im folgenden werden die bekanntesten oder interessantesten Vertreter dieser Gruppe vorgestellt:

Die Flösselhechte (Cladistia)
Hier werden vorwiegend fossile, aber auch einige heute noch lebende Formen zusammengefaßt, die auf einer sehr niedrigen Entwicklungsstufe stehen. Der Polypterus (Abb. 69) gehört zu dieser Gruppe; er besitzt eine lungenartige Schwimmblase, Schmelzschuppen, ein spitz zulaufendes Schwanzende. Das Spritzloch (Spiraculum) ist erhalten geblieben. Die Flösselhechte werden von manchen Autoren in eine eigene Unterklasse, von anderen zu den Chondrostei (s. u.) gestellt.

Die Strahlenflosser (Actinopterygii)
Ihr werden alle anderen Knochenfische zugeordnet. Sie umfaßt unter anderen folgende Untergruppen:

a) Überordnung der störartigen Fische (Chondrostei). Hier handelt es sich um eine im Bauplan sehr vielgestaltige Gruppe, die sowohl fossile als auch lebende Formen, beispielsweise den Stör (Acipenser) (Abb. 70) umfaßt. Kennzeichen des Störs sind sowohl sehr primitive wie auch höher entwickelte Merkmale, so besitzt er zum Beispiel Spritzloch (Spiraculum), Spiralfalte im Darm, heterozerke Schwanzflosse, ausgebildete Rückensaite (Chorda dorsalis) etc. Gleichzeitig haben sich seine Kiefer zurückgebildet, die Schuppen weisen wenig Schmelz auf und bedecken den Körper lediglich in einigen wenigen Reihen.

b) Die Überordnung der Holostei. Ihr werden unter anderen folgende Untergruppen zugeordnet:

– Die Gruppe der Schlammfische (Amiidae). Der bekannteste Vertreter dieser Gruppe ist der Schlammfisch (Amia), mit primitiven Merkmalen, wie Rückenlunge und Spiralfalte des Darms, Fehlen von Blinddärmen etc., und Merkmalen einer höheren Entwicklungsstufe, wie zum Beispiel seine Rundschuppen, der Bau des Mundes und Schwanzes etc.

– Die Gruppe der Teleostei. Mit mehr als 25.000 Arten umfaßt diese Gruppe den größten Teil der Knochenfische. Es zeigt sich eine beträchtliche Vielgestalt an Formen, die den unterschiedlichsten Lebensräumen angepaßt sind. Es fehlen sowohl Spritzloch (Spiraculum) wie auch Spiralfalte im Darm. Ihre Schuppen sind keine Schmelzschuppen, die Schwanzflosse ist in aller Regel homozerk, das Skelett ist vollständig verknöchert und das Gehirn sehr spezialisiert. Zu nennen sind hier unter anderen die Aale (Ordnung Anguilliformes), Sardinen (Ordnung Clupeiformes), Kabeljau und Seehecht (Ordnung Gadiformes), Seeteufel (Ordnung Lophiiformes) (Abb. 71), Plattfische (Ordnung Pleuronectiformes) (Abb. 72), Seepferdchen (Ordnung Syngnathiformes) (Abb. 73), Barsche (Ordnung Perciformes) etc.

DIE UNTERKLASSE DER LUNGENFISCHE UND QUASTENFLOSSER (CHOANICHTHYES)

Diese Gruppe ist bei weitem nicht so zahlreich wie die der Strahlenflosser. Kennzeichen dieser Gruppe ist der Schmelz, der erstmalig auf ihren Zähnen auftritt. Außerdem werden die paarigen Flossen lediglich durch jeweils ein einziges Stäbchen gestützt. Aufgegliedert wird diese Unterklasse in drei Ordnungen, von denen zwei lebende Formen umfassen.

Die Quastenflosser (Actinistia)
Zu ihr gehört nur eine Familie mit einer einzigen lebenden Gattung, die Latimeria chalumnae (Abb. 74). Hervorstechendstes Merkmal dieses lebenden Fossils ist die Struktur des Schwanzes und der Flossen, die Schwimmblase ist verkalkt und fast vollständig mit Fett gefüllt. Die Rückensaite (Chorda dorsalis) ist verknorpelt und noch gut ausgebildet. Der Darm weist noch die Spiralfalte auf. Diese Gattung ist im tiefen Wasser anzutreffen.

Die Lungenfische (Dipnoi)
Hauptmerkmal dieser Gruppe sind die sogenannten Choanen, das heißt, die inneren Nasenöffnungen in die Mundhöhle. Heute sind lediglich drei Arten von Lungenfischen bekannt: Neoceratodus in Australien, Protopterus in Afrika und Lepidosiren (Abb. 75) in Südamerika. Alle drei leben in stehendem Süßwasser, atmen durch Kiemen, bis der im Wasser enthaltene Sauerstoff verbraucht ist, danach atmen sie durch die einfache Lunge (Neoceratodus) oder durch die doppelte Lunge (Protopterus und Lepidosiren). Der Ursprung dieser Lungen ist in der Schwimmblase zu suchen. Die beiden letztgenannten Arten sind auch dann überlebensfähig, wenn das Wasser austrocknet, sie wühlen sich in den Schlamm ein. Andere Merkmale dieser Gruppe sind: Herzkammer mit unvollständiger Trennwand, erster Schritt eines dreikammerigen Organs, ausgebildete Rückensaite (Chorda dorsalis), Darm mit Spiralfalte, zu Platten verschmolzene Zahnreihen etc.

Abb. 69. Polypterus. Einer der primitivsten bekannten Strahlenflosser. Er ist in den Flußläufen des Kongo und Oberen Nils beheimatet, in Flüssen also, die immer wieder austrocknen.

Abb. 70. Stör (Acipenser sturio). Erreicht eine Länge von 1 - 2 Metern und besitzt 5 Reihen Knochenplatten, sein Kopf ist von unter der Haut liegenden Knochen gepanzert. Störe leben im Meer, steigen zum Laichen aber in Flüsse auf. Richtig eingesalzen und konserviert geben die Eier des weiblichen Tiers den Kaviar ab.

Abb. 71. Anglerfisch (Lophius piscatorius). Etwa 50 cm lang, lebt auf sandigen Meeresgründen in bis zu 1000 Metern Tiefe. Der erste Rückenflossenstrahl dient dazu, Beutetiere anzulocken.

Abb. 72. Seezunge (Solea solea). 30 - 40 cm lang. Liegen im Sandschlick in bis zu 80 Metern Tiefe. Die Unterseite ist augenlos, da das zweite Auge auf die Oberseite gewandert ist.

Abb. 73. Seepferdchen (Hippocampus hippocampus). Sie erreichen eine Länge von ca. 15 cm und leben in etwa 10 Metern Tiefe. Die Weibchen legen ihre Eier in die Bruttaschen der Männchen ab. Nach ungefähr 4 Wochen schlüpfen die Jungen.

Abb. 74. Quastenflosser (Latimeria chalumnae). Meeresfisch von ca. 1,5 Metern Länge, ein lebendes Fossil, das vor den Küsten Südafrikas in 400 - 800 Metern Tiefe anzutreffen ist. Bisher sind nur 12 Exemplare gefangen worden.

Abb. 75. Lepidosiren. Dieser Lungenfisch lebt im Süßwasser in Südamerika. Er besitzt eine spitz zulaufende Schwanzflosse und einzeln ausgebildete Rückenflossen. 98% seines Sauerstoffs atmet er aus der Luft.

Hauptmerkmale

Die Gruppe der Lurche stellt ein erstes Übergangsstadium vom Leben im Wasser zum Leben auf dem Land dar. Allerdings ist der Übergang vom Wasser- zum Landtier noch unvollständig, da sich Lurche ausschließlich im Wasser fortpflanzen können. Im Karbon war die Erde vorwiegend von Amphibien bevölkert, heute zählt diese Gruppe aber nur noch etwa 2500 Arten. Die Lurche sind wechselwarme Landwirbeltiere. Sie gehören zu den Anamnia. Das Landleben hat einige Anpassungen notwendig gemacht. Unter andern sind folgende Hauptmerkmale hervorzuheben:

Haut. Die Haut ist glatt, nackt und schuppenlos. Sie weist zweierlei Drüsen auf: Schleimdrüsen und Giftdrüsen (Abb. 76). Die Schleimdrüsen sondern fortwährend eine schleimige Flüssigkeit ab, die den Körper befeuchtet. Die Giftdrüsen können eine giftige Substanz absondern. Auf der Haut befinden sich auch Pigmentzellen, die für die Änderung der Hautfärbung zuständig sind.

Skelett. Die Wirbelsäule setzt sich je nach Körperbau aus unterschiedlich vielen Wirbeln zusammen. Der Schädel ist durch einen oder zwei Gelenkhöcker beweglich. Das bedeutendste Merkmal ist die Entwicklung von Gliedmaßen, mit denen sich diese Lebewesen fortbewegen, und die allen Landwirbeltieren eigen sind. Lurche weisen drei Hauptgelenke auf, die, auf den Menschen übertragen, Schulter- und Hüftgelenk, Knie- und Ellenbogengelenk und Fuß- und Handgelenk entsprechen. Hände und Füße sind in der Regel fünffingrig.

Verdauungsorgane. Hier ist die Rückbildung der Zähne hervorzuheben, die lediglich dazu dienen, die Beute festzuhalten. Die Zunge ist am vorderen Mundboden festgewachsen (Abb. 77) und wird mit großer Geschicklichkeit zum Jagen von Beutetieren verwendet. Die Speiseröhre hebt sich nicht vom rohrförmigen Magen ab. Magen und Zwölffingerdarm zusammen beschreiben eine U-Form; hier befindet sich auch die Bauchspeicheldrüse. Es schließt ein kurzer, dicker und gerader Darm an, der in die Kloake mündet.

Atmungsorgan. Die Lurchlarven weisen noch innere oder äußere Kiemen auf. Bei den ausgewachsenen Tieren sind aber bereits Lungen ausgebildet. Diese Lungen entwickeln sich aus dem Rachen und sind sehr einfach strukturiert. Die Luftröhre ist sehr kurz und spaltet sich in zwei Bronchien auf. Die Atmung erfolgt bei ausgewachsenen Lurchen zusätzlich durch die Haut. Bei manchen Arten ist die Hautatmung sogar wichtiger als die Lungenatmung.

Bei einigen Lurcharten können die männlichen Tiere Töne hervorbringen, da sie Stimmbänder im Rachenraum und Schallsäcke unterhalb des Mundes besitzen (Abb. 78). Während der Fortpflanzungszeit werden so die Weibchen angelockt.

Blutkreislauf. Ausgewachsene Lurche besitzen ein dreikammeriges Herz, das aus zwei getrennten Vorkammern und einer einzigen Herzkammer besteht. Der Kreislauf ist geschlossen, doppelt, aber noch unvollständig getrennt. Allerdings weist die innere Herzkammerwand zahlreiche Ausstülpungen auf, so daß sich das Blut relativ wenig vermengt.

Nervensystem. Das Gehirn der Lurche ähnelt dem der Lungenfische. Es besitzt zehn Paar Hirnnerven und ein parasympathisches Nervensystem, das sich aus einem Doppelstrang von Nervenknoten zusammensetzt. Der Geruchssinn der Amphibien ist dank zweier hinter dem Mund befindlicher Geruchstaschen gut ausgebildet. Die Augen gleichen denen der Fische. Lurche weisen bereits inneres Ohr und Mittelohr auf, das mit dem äußeren Ohr durch ein Trommelfell verbunden ist. Tast- und Geschmacksinn sind nicht besonders gut entwickelt.

Ausscheidung. Amphibien besitzen zwei Urnieren, die denen der Fische sehr ähnlich sind, und eine Harnblase, die in die Kloake einmündet.

Fortpflanzung. Die Fortpflanzungsorgane der Weibchen (Abb. 79, a) bestehen aus zwei Eierstöcken, deren Größe und Form je nach Lurchart unterschiedlich ausfallen kann. Die Eileiter sind mit zahlreichen Drüsen ausgestattet, die die Eier mit einer gelatinösen Flüssigkeit benetzen. Bei den männlichen Tieren liegen paarige Hoden vor, deren Gestalt von Art zu Art unterschiedlich ausgebildet und deren Größe von der Jahreszeit abhängig ist. Bei Froschlurchen liegt außerdem noch ein spezielles Fortpflanzungsorgan vor, das Biddersche Organ, eine Hormondrüse. Werden die Hoden entfernt, bildet es sich zu einem funktionsfähigen Eierstock aus. Der Laich der Männchen wird über den Wolffschen Gang – der mit der Kloake identisch ist – abgelegt. Je nach Gruppe kann es zu äußerer oder innerer Befruchtung kommen. Im Falle einer äußeren Befruchtung weisen die männlichen Lurche keine Begattungsorgane auf. Die Männchen entlassen ihre Samenpakete ins Wasser. Die Weibchen suchen diese Pakete und führen sie in die Kloake ein. In der Regel legen Lurche Eier, aber es kommt bei einigen Arten auch zu Ovoviparie, das heißt, die Embryonen werden schon vollständig entwickelt in Eiern zur Welt gebracht. Die Entwicklung vollzieht sich normalerweise indirekt, mit einer Metamorphose (Abb. 80), die von Art zu Art unterschiedlich sein kann.

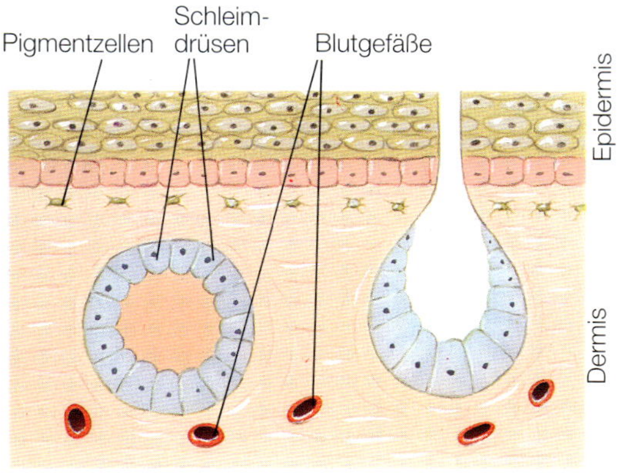

Abb. 76. Querschnitt durch die Haut eines Lurchs. Deutlich sichtbar sind die Schleim- und die Giftdrüsen.

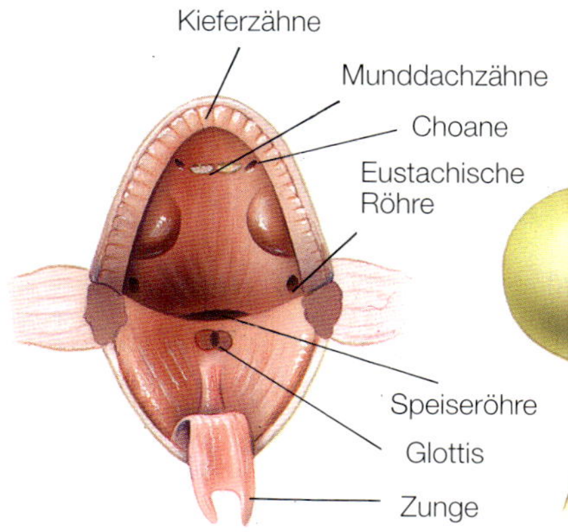

Abb. 77. Mundhöhle eines Frosches. Man beachte den Bau und die Lage der Zunge und die winzigen Zähne.

Abb. 78. Schallblasen eines männlichen Teichfrosches, sie dienen zum Quaken. Mit diesem Geräusch werden die Weibchen angelockt und Feinde abgeschreckt.

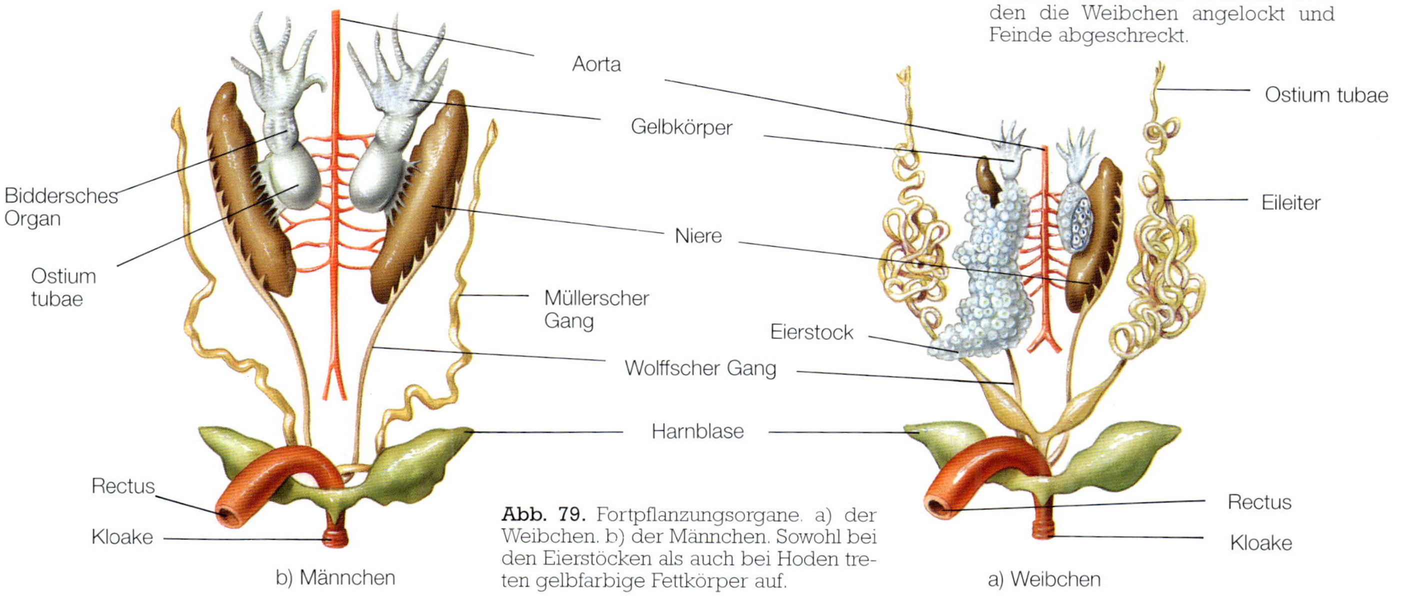

Abb. 79. Fortpflanzungsorgane. a) der Weibchen. b) der Männchen. Sowohl bei den Eierstöcken als auch bei Hoden treten gelbfarbige Fettkörper auf.

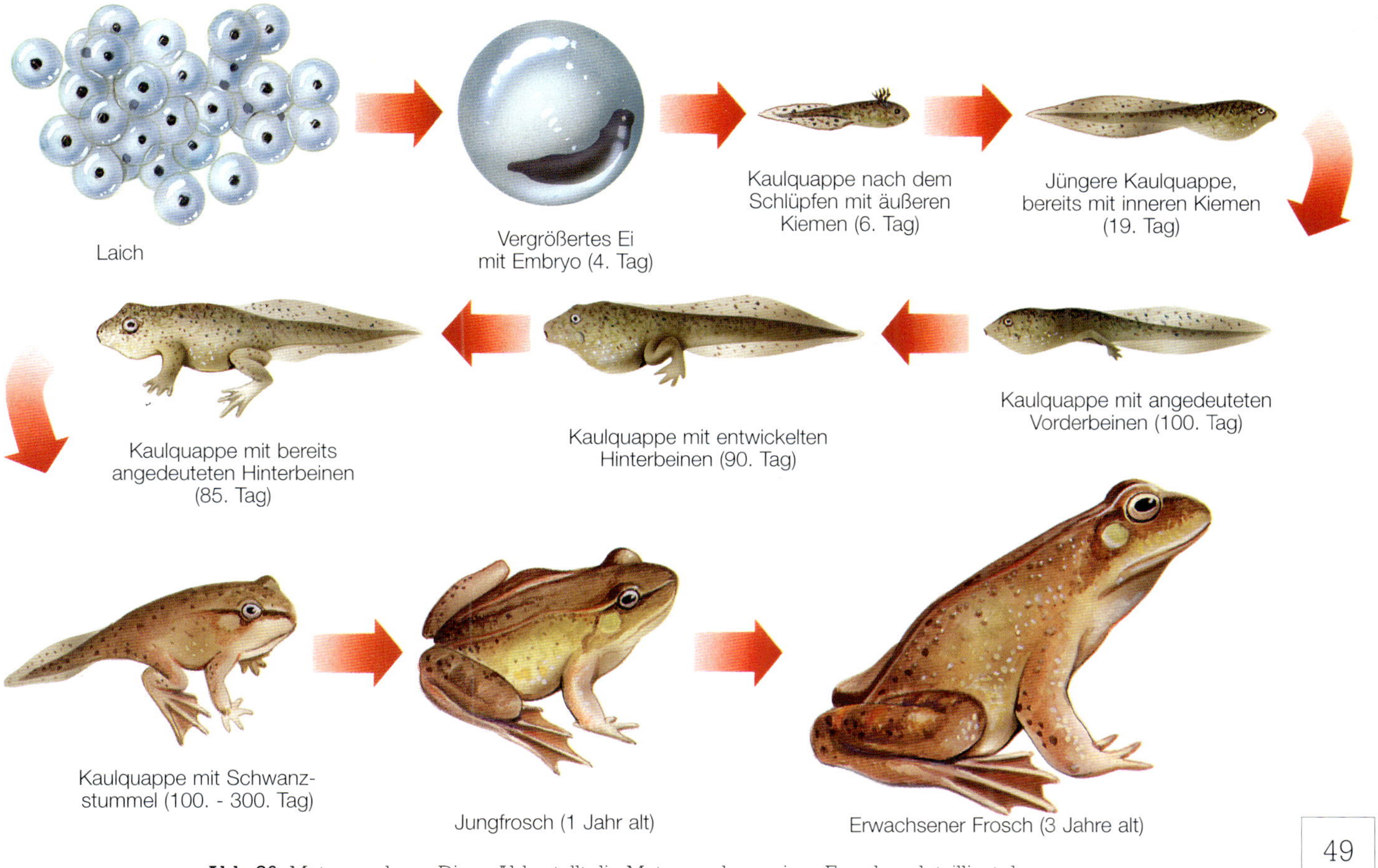

Abb. 80. Metamorphose. Diese Abb. stellt die Metamorphose eines Frosches detailliert dar.

Entwicklungsgeschichte und Anpassungen

ENTWICKLUNGSGESCHICHTE

Es steht zwar eindeutig fest, daß die Amphibien von den Choanen besitzenden Fischen (Dipnoi) abstammen, fossile Formen des Übergangs von einer Gruppe zur anderen sind bisher aber noch nicht gefunden worden. Von den Choanen-Fischen unterscheiden sich die Lurche unter anderem dadurch, daß ihre unpaarigen Flossen keine Strahlen aufweisen. Sie besitzen aber ein Mittelohr und fünffingrige Gliedmaßen. Diese Unterschiede gehen auf die Anforderungen zurück, die der neue Lebensraum, das Land, an diese Lebewesen stellte. Als die Lurche im Devon begannen, das Land zu besiedeln, war die damals vorherrschende Lebensform, die Fische, den in dieser Epoche periodisch auftretenden Trockenzeiten ausgesetzt. Flüsse und Seen trockneten häufig aus. Unter diesen Bedingungen erwiesen sich die Lungenfische und Quastenflosser als besonders überlebensfähig, da ihnen ihre paarigen Flossen auch außerhalb des Wassers eine gewisse Beweglichkeit verliehen und sie daher auf der Suche nach neuen Wasserstellen Landbrücken überqueren konnten. Dieser Umstand und die Ähnlichkeit, die hinsichtlich des Schädelbaus zwischen Lurchen und Lungenfischen besteht, beweisen, daß die Gruppe der Lurche von den Lungenfischen abstammt. Die Anpassung an den Lebensraum führte dann zur Ausformung der Amphibien, die sich schließlich ganz von ihren Vorfahren abspalteten und sich eigenständig entwickelten.

ANPASSUNGEN

Wie bereits dargelegt, brachte der Übergang vom Wasser- zum Landleben eine Reihe von grundlegenden Anpassungen mit sich, die einen Großteil des Körperbaus betreffen. Unter anderen sind folgende anzuführen:

Skelett. Außerhalb des Wassers ist die Erdanziehungskraft deutlicher zu spüren. Unter diesen neuen Bedingungen liegt das Körpergewicht anders als im Wasser auf den Gliedmaßen. Aus diesem Grund wurde im Vergleich zu den Lungenfischen die Wirbelsäule verstärkt und widerstandsfähiger (Abb. 81), die Rückenmuskulatur stärker und die Gliedmaßen fünffingrig. Die Entwicklung von einer Flosse oder Quaste zu handähnlichen Gliedmaßen wird in Abb. 82 dargestellt. Hervorzuheben ist in diesem Zusammenhang auch die Zunahme des Ober- und Unterleibumfangs. Hier findet die kräftige Muskulatur Platz, die es erlaubt, die Gliedmaßen nach vorne und hinten, anstatt sie von oben nach unten zu bewegen.

Haut. Die Haut hat sich angepaßt, um das Austrocken zu verhindern. Die obere Hautschicht (Epidermis) weist eine Reihe verhornter Hautschichten auf, die sich durch die Ansammlung von Horngewebe andauernd erneuern. Dadurch läßt sich Wasser wesentlich besser im Körper speichern.

Atmung. Die Atmungsorgane mußten sich an den tiefgreifenden Wandel anpassen, den der Übergang von der Wasseratmung zur Luftatmung bedeutet. Der Gasaustausch außerhalb des Wassers erfordert eine ständige Berührung der Luft mit den Atemoberflächen, die daher leicht austrocknen und stets befeuchtet werden müssen. Die Entwicklung der Lungen (Abb. 84) scheint nicht ausreichend gewesen zu sein, um den Gasaustausch sicherzustellen. Die Haut spielt in diesem Zusammenhang eine wichtige Rolle, da sie dazu beiträgt, den Sauerstoffbedarf des Tieres zu decken. Aus diesem Grund weist sie ein stark verästeltes Blutgefäßnetz auf und wird durch die schleimigen Aussonderungen zahlreicher Drüsen andauernd benetzt.

Sinnesorgane. Der Übergang von einem Lebensraum in einen anderen machte es notwendig, auch die Sinnesorgane an die neuen Bedingungen anzupassen. Um sehr vereinzelte, für Ernährung und Fortpflanzung entscheidende Substanzen in der Luft aufzuspüren, ist der Geruchssinn stark entwickelt. Auch das Gehör ist gut ausgebildet, um Feinde oder Beute aus großer Entfernung wahrzunehmen und um Geschlechtspartner zu erkennen. Bei den Augen verhindern Tränendrüsen, Lider und eine Nickhaut das Austrocknen. Das Seitenlinienorgan schließlich ist bei den Larven und bei den noch weitgehend im Wasser lebenden Arten vorhanden. Bei allen anderen Formen aber ist es verschwunden, da es außerhalb des Wassers keinerlei Funktion mehr hat.

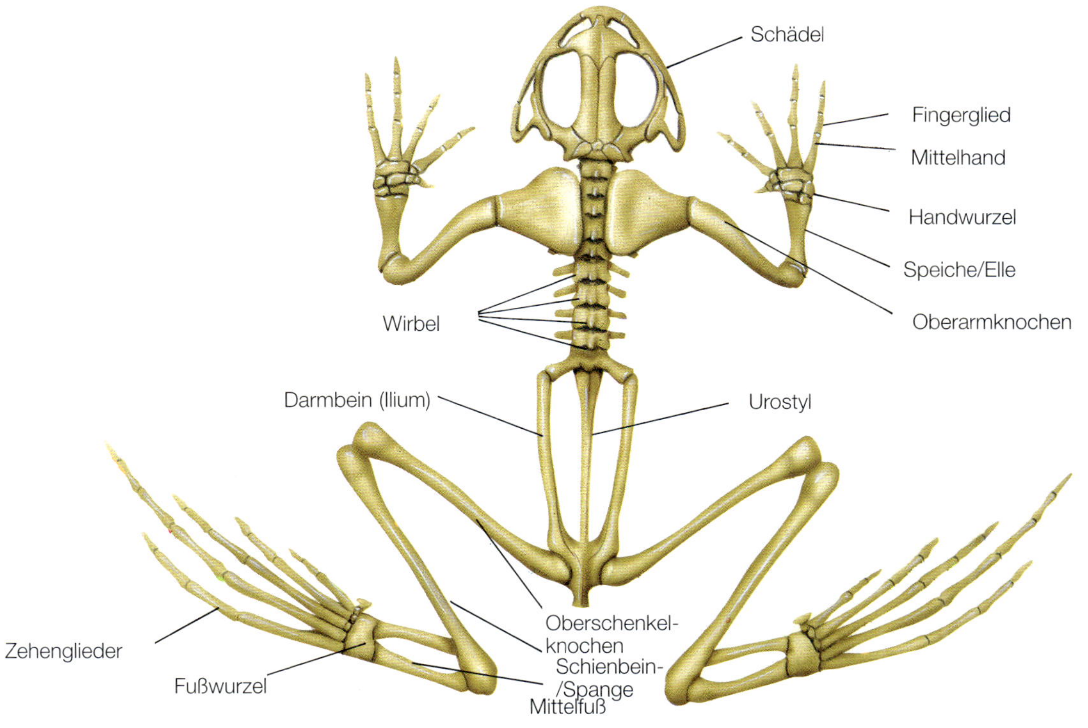

Abb. 81. Froschskelett, hier werden einige Anpassungen an das Leben außerhalb des Wassers deutlich.

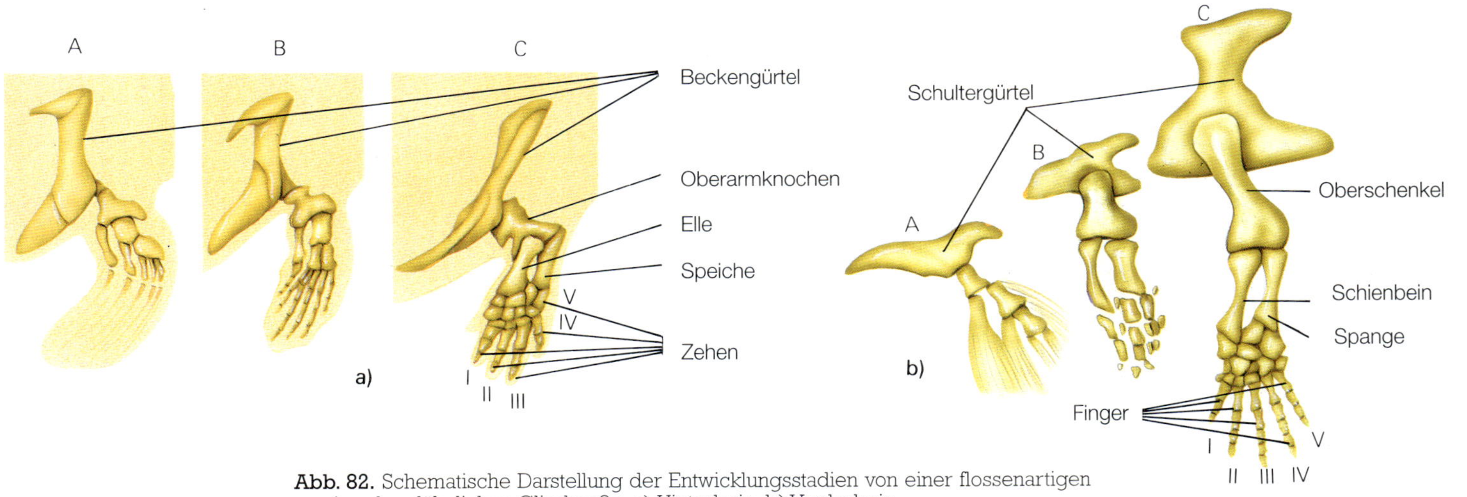

Abb. 82. Schematische Darstellung der Entwicklungsstadien von einer flossenartigen zu einer handähnlichen Gliedmaße. a) Hinterbein. b) Vorderbein.

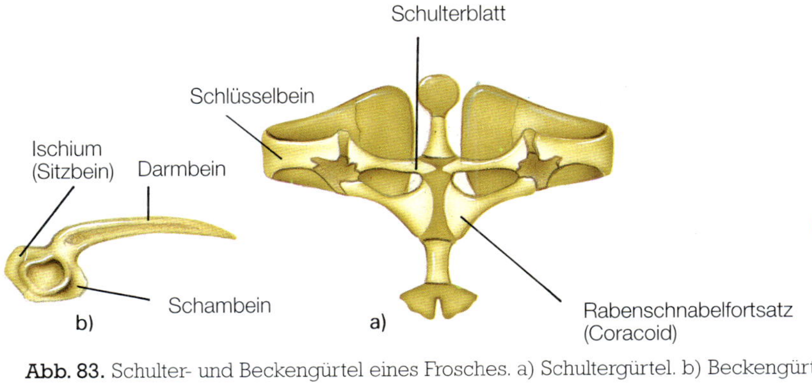

Abb. 83. Schulter- und Beckengürtel eines Frosches. a) Schultergürtel. b) Beckengürtel.

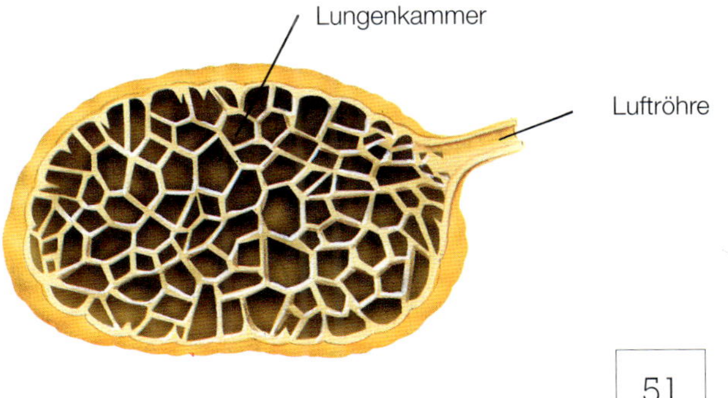

Abb. 84. Lungen eines Frosches.

Hauptmerkmale. Entwicklungsgeschichte

HAUPTMERKMALE

Kennzeichen dieser Gruppe ist, daß sie sich dank der Embryonalhüllen (Amnion) und mit Hilfe von Lungen vollständig vom Wasser haben lösen können und Landbewohner geworden sind. Reptilien sind Amnioten, die ihre Körpertemperatur noch nicht selbst steuern können, d. h. also Wechselwarmblüter sind. Es handelt sich um eine sehr vielgestaltige Gruppe, die unter anderen folgende Merkmale aufweist:

Fortpflanzung. Es findet stets innere Befruchtung statt. Die Entwicklung vollzieht sich direkt, ohne Larvenstadium oder Metamorphose. Das von einer Schutzhülle umschlossene Ei besitzt eine Embryonalhülle (Amnion), die das Embryo innerhalb einer wäßrigen Hülle enthält, und eine große Dotterblase, von der sich das Embryo während seiner Entwicklung im Inneren des Eis ernährt. Zwar legen die meisten Reptilien Eier, manche Schlangen- und Echsenarten bringen ihre Jungen aber schon vollständig entwickelt in Eiern zur Welt (Ovoviviparie). Die Keimdrüsen sind paarig und in aller Regel besitzen Reptilien Begattungsorgane.

Skelett. Der Körper dieser Gruppe ist meist länglich, und die Gliedmaßen, sofern sie welche besitzen, wachsen seitlich aus dem Körper, weshalb sie den Rumpf nicht vom Boden erheben können und sich schlängelnd oder kriechend fortbewegen müssen (Abb. 85). Das Gelenk zwischen Schädel und Wirbelsäule besteht aus einem einzigen Gelenkkopf, der Schädel kann dadurch in alle Richtungen gedreht werden.

Blutkreislauf. Das Herz der Reptilien besteht aus zwei Vorkammern und einer Hauptkammer mit einer noch unvollständigen Trennwand. Reptilien besitzen zwei Aortabögen, den rechten und den linken, der geschlossene und zweifache Kreislauf ist noch unvollständig.

Atmungsorgan. Reptilien besitzen Lungen, mit deren Hilfe sie Sauerstoff aus der Luft aufnehmen. In der Regel besteht ihre Lunge aus einer vorderen Lungenkammer mit einem von unzähligen Lungenbläschen überzogenen Netzgewebe in dem der Gasaustausch stattfindet, und eine hintere Lungenkammer mit glatten Lungenwänden, die allem Anschein nach eine mechanische Funktion haben. Außerdem besitzen Reptilien eine lange Luftröhre, zwei Bronchien und zahlreiche Bronchiolen. Einige Arten sind mit aufblasbaren Luftsäcken ausgestattet, die ihnen ein größeres Aussehen verleihen, als sie tatsächlich haben.

Haut. Reptilien sind von Hautschuppen und manchmal von Knochenplatten (Abb. 86) bedeckt. Ihre Haut weist relativ wenige und nur auf bestimmte Stellen konzentrierte Drüsen auf, Schweißdrüsen fehlen ganz.

Nervensystem. Zwar weist das Gehirn im Vergleich zu den Lurchen eine beträchtliche Weiterentwicklung auf, es ist aber noch verhältnismäßig klein (1% des gesamten Körpergewichts). Das Gehirn setzt sich aus zwei Hälften zusammen, die im vorderen Teil in zwei Geruchswülste (Bulbi olfactorii) übergehen. Das Kleinhirn weist keinerlei Läppchen auf und besitzt 12 Paar Hirnnerven. Das Geruchsorgan besteht aus zwei Riechsäcken, die hinter den Nasenöffnungen liegen. Reptilien besitzen außerdem ein speziell strukturiertes Riechorgan, das Jacobsonsche Organ, das von der Nasenhöhle isoliert ist und bei Schlangen und Echsen direkt in die Mundhöhle einmündet. Weder Instinktverhalten noch Lernfähigkeit sind bei den Reptilien besonders gut ausgebildet.

DIE ENTWICKLUNGSGESCHICHTE DER REPTILIEN

Es ist heute eindeutig erwiesen, daß die Reptilien von den Lurchen abstammen und sich gegen Ende des Karbons eigenständig entwickelt haben. Der Seymouria (Abb. 87) ist ein fossiler Lurch, der sowohl Amphibien- als auch Reptilienmerkmale aufweist. Allerdings ist dieses Fossil erdgeschichtlich wohl zu spät aufgetreten, um als Vorfahre der Reptilien gelten zu können. Seit ihrem Erscheinen im späten Karbon breiteten sich die Reptilien ab dem Perm außerordentlich rasch aus und übertrafen in Anzahl und Formen alle anderen Lebewesen dieser Epoche. Es gab 15 Ordnungen und Dutzende von Familien. Die heute noch lebenden 6 500 Arten dieser Gruppe können also nur als kleiner Rest aus ihrer Blütezeit gelten. Gegen Ende der Kreidezeit und zu Anfang des Tertiärs verschwand der Großteil der Reptilien schlagartig. Die Ursachen dieses Verschwindens sind noch nicht abschließend geklärt. Es gibt unterschiedliche Hypothesen über mögliche Temperaturschwankungen und eine veränderte Vegetation durch das Ansteigen der Erdoberfläche, über den Einschlag eines Meteoriten, über Auftreten von massivem Vulkanismus, über die Plünderung der Reptilieneier durch Säugetiere etc. Das Aussterben dieser Gruppe stellt uns auch heute noch vor ein Rätsel.

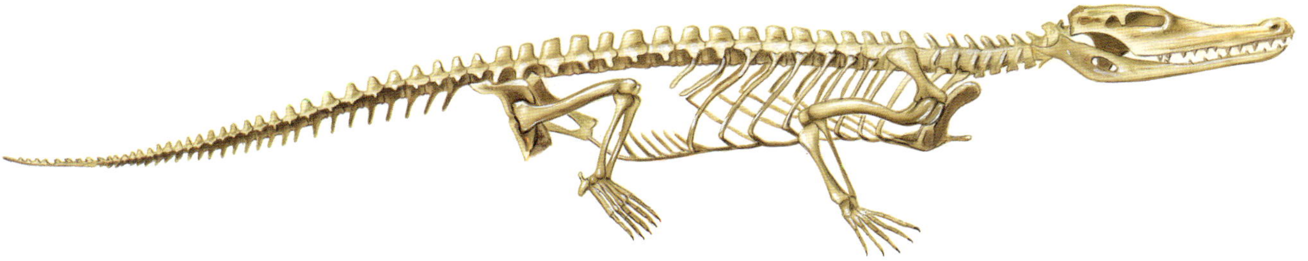

Abb. 85. Skelett eines Reptils. Die seitlich aus dem Rumpf wachsenden Gliedmaßen machen es diesen Lebewesen unmöglich, ihren Rumpf vom Boden zu erheben. Ähnlich den Schwanzlurchen müssen sie sich deshalb kriechend fortbewegen.

a b

Abb. 86. Haut der Reptilien. a) Hautschuppen von Schlangen und Echsen. b) Hautschuppen – sie bedecken die Knochenplatten – der Schildkröten.

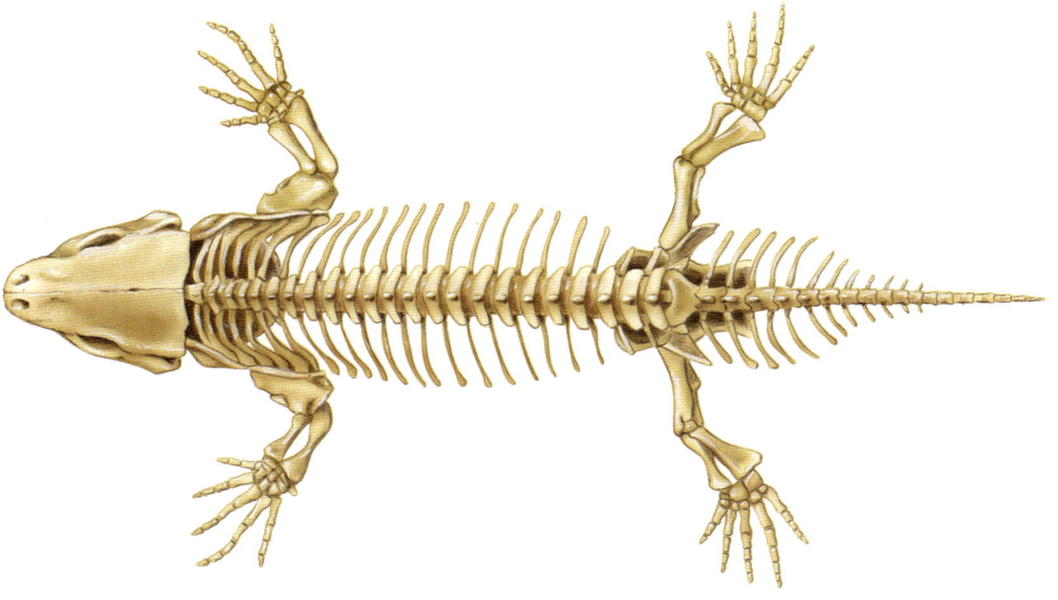

Abb. 87. Seymouria. Dieses etwa 60 cm lange Fossil wird teilweise den Lurchen und teilweise den Reptilien zugeordnet. Es bildet eine Brücke zwischen beiden Gruppen. Der Bau der Wirbel und der Gliedmaßen und der einzige Gelenkkopf zwischen Wirbelsäule und Schädel sind typische Merkmale der Reptilien, während die Struktur der Schädelknochen, die Zähne und Seitenlinienorgane eindeutig als Kennzeichen der Lurche (Amphibien) gelten.

Klassifizierung (I)

Die Klasse der Reptilien umfaßt sieben Unterklassen (vier davon sind fossile Formen) und 15 Ordnungen, von denen nur vier heute noch vorkommen. Schon allein daran wird deutlich, welche enorme erdgeschichtliche Bedeutung den Reptilien zukommt und wie groß ihre Vielfalt einmal gewesen ist. Da die Anzahl der Ordnungen sehr hoch ist, werden in der folgenden Klassifizierung die heute noch lebenden Formen in Beziehung zu einigen fossilen Formen gesetzt, die besonders interessant sind.

1.) Die Unterklasse der schläfengrubenlosen Reptilien (Anapsida). Dazu gehören zwei Ordnungen, deren gemeinsames Merkmal im Fehlen der Schläfengruben, also der Öffnung an der Schädelseite in der Höhe des Schläfenbereichs, besteht.

a) Die Ordnung der Schildkröten (Chelonie, Testudines). Sie umfaßt die Schildkröten (Abb. 88) und Riesenschildkröten. Sie sind sowohl auf dem Festland als auch im Süß- und Salzwasser beheimatet. Entscheidendes Merkmal dieser Gruppe ist der Knochenpanzer, der den ganzen Körper umschließt und sich aus Rückenpanzer (auch Rückenschild oder Carapax) und Bauchpanzer (oder Bauchschild bzw. Plastron) zusammensetzt. Dieser Knochenpanzer ist von Hornplatten bedeckt. Im Rückenpanzer sind die Wirbelknochen mit den Brustrippen verwachsen, sie bilden also eine Einheit (Abb. 89). Das Maul hat im Verlauf der Evolution eine starke Wandlung erfahren, es weist keine Zähne mehr auf, die Kiefer sind schnabelförmig und mit Hornscheiden verstärkt. Die Gliedmaßen sind fünfzehig, bei den Wasserbewohnern können sie allerdings durch die Schwimmbewegung auch ruder- oder flossenförmig ausgebildet sein. Die Afteröffnung ist länglich Diese Gruppe wird als sehr urtümliche Form betrachtet, eine Weiterentwicklung hat kaum stattgefunden.

2.) Die Unterklasse der Fischechsen (Ichthyopterygie). Hier handelt es sich um eine bereits ausgestorbene Gruppe von Meeresbewohnern. Sie umfaßt lediglich eine einzige Ordnung:

a) Die Ordnung der Fischsaurier (Ichthyosauria). Sie bestand aus vollkommen an das Wasser angepaßten Reptilien, die fischförmig und von beträchtlicher Größe waren. Als Beispiel sei hier der Ophtalmosaurus angeführt (Abb. 90).

3.) Die Unterklasse der Schuppenkriechtiere (Lepidosaurier). Hierzu zählen die Reptilien mit zwei Schläfengruben am Schädel. Unter anderen umfaßt sie folgende Ordnungen:

a) Die Ordnung der Schnabelköpfe (Rhynchoncephalia). Davon ist lediglich eine Gattung, die in Neuseeland beheimatete Brückenechse (Tuatera, Sphenodon) (Abb. 92), heute noch anzutreffen. In der Stirnregion sitzt ein anscheinend funktionstüchtiges drittes Auge. Die männlichen Tiere besitzen keine Begattungsorgane, die Kloakenspalte ist quergestellt, und die Lungen bestehen aus einfachen, bronchienlosen Säcken. Bauchrippen und Brustbein sind aber vorhanden.

b) Die Ordnung der Eigentlichen Schuppentiere (Squamata). Hier handelt es sich um Reptilien, bei denen im Sekundär eine oder beide Schläfengruben verschwunden sind. Sie zeichnen sich durch ihre von Hornschuppen überzogene Haut aus (daher auch die Bezeichnung dieser Ordnung). Die Kloakenöffnung ist quer, und das männliche Tier besitzt zwei begattungsfähige Penisse. Diese Ordnung unterteilt sich in drei Unterordnungen:

– Die Unterordnung der Echsen (Sauria). Diese Gruppe weist nur eine Schläfengrube auf. Die Gliedmaßen sind gut ausgebildet und fünfzehig. Die Vertreter dieser Gruppe haben Augenlider und kein Trommelfell. Das Maul läßt sich nicht besonders weit öffnen. Zu dieser Gruppe zählen die Eidechsen, die Leguane, die Geckos, die Chamäleons (Abb. 91), die Glasschleichen, die Warane etc.

– Die Unterordnung der Doppelschleichen (Amphisbaenia). Hier finden wir eine Mischung aus urtümlichen und hochspezialisierten Merkmalen vor. Die Gliedmaßen sind sehr wenig ausgebildet oder fehlen ganz, die rechte Lunge ist verkümmert. Es handelt sich um Tiere mit, ähnlich dem Regenwurm, wühlender Lebensweise.

– Die Unterordnung der Schlangen (Ophidia, Serpentes). Die beiden Schläfengruben sind verschwunden. Sie haben weder Gliedmaßen noch Trommelfell, sind also taub. Anstelle von Lidern bedecken durchsichtige Kapseln die Augen. Das Maul läßt sich aufgrund einer besonderen Kieferstruktur außerordentlich weit aufreißen; ein Brustbein ist nicht vorhanden. Zu der Gruppe der Schlangen gehören: Boa, Python, Kobra, Korallenschlange, Mamba, Viper (Abb. 93), Klapperschlange etc.

Abb. 93. Aspisviper (Vipera aspis). Diese Viper, deren Kopfform dreieckig und die mit kleinen Schuppen bedeckt ist und vertikale Pupillen besitzt, ist sehr giftig. Ihr Biß kann tödlich sein. Ihre Nase (c) ist stärker aufgewölbt als die der Kreuzotter Viper Seoanei (V. berus) (a), aber nicht so markant wie bei der Stülpnasenotter Viper Latastei (b).

Abb. 88. Iberische Landschildkröte (Testudo Graeca). Im zweiteiligen Panzer befinden sich Öffnungen für Kopf und Gliedmaßen. Sie ist in trockenen, mit Gebüsch bewachsenen Gebieten beheimatet. Sie legt 10 - 15 Eier, die sie im Sand vergräbt.

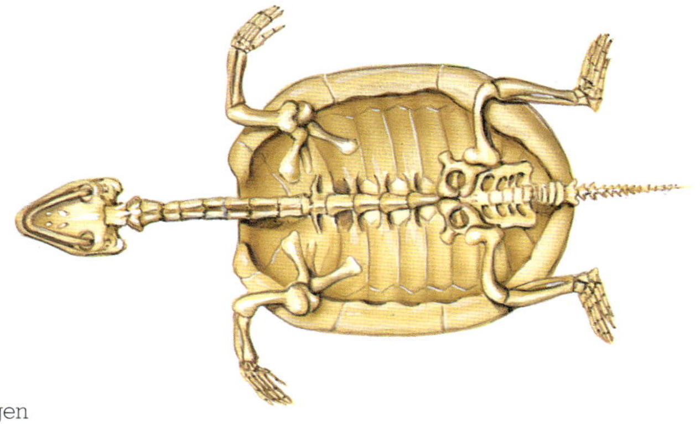

Abb. 89. Detailansicht der Verbindung zwischen Rückenpanzer und Skelett der Schildkröten.

Abb. 90. Ophtalmosaurus (Rekonstruktion). Dieses Reptil, das an einen Delphin erinnert, brachte lebende Junge zur Welt. Es kam in allen Weltmeeren vor und lebte während des Sekundärära.

Abb. 91. Chamäleon (Chamaeleo Chamaeleon). Es mißt 25 - 30 cm; die herausschnellbare Zunge – sie dient zur Jagd auf Insekten – ist ebenso lang wie der Rest des Körpers. Die Zehen sind jeweils in Zweierpaaren opponierbar. Das Chamäleon hat einen Greifschwanz. Dieses Reptil ist aufgrund seiner Fähigkeit, die Hautfärbung zu verändern und seiner Umgebung anzupassen, sehr bekannt.

Abb. 92. Brückenechse (Sphenodon punctatus). Dieses lebende Fossil von ca. 50 - 60 cm Länge lebt in unterirdischen Bauten, die es selbst ausgräbt. Es ist nachts aktiv und ernährt sich von wirbellosen Tieren. Die Brückenechse ist stark vom Aussterben bedroht und deshalb gesetzlich geschützt.

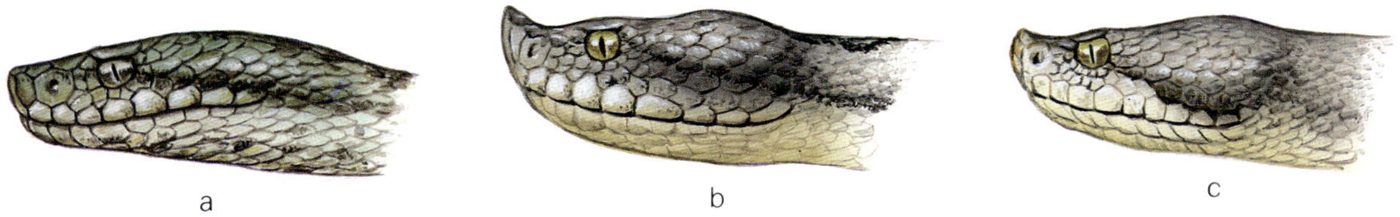

Klassifizierung (II)

4.) Die Unterklasse der säugerähnlichen Reptilien. (Synapsida). Sie faßt eine Gruppe bereits ausgestorbener Formen zusammen, die von Interesse ist, weil sich aus ihr die Säugetiere entwickelt haben. Diese Gruppe bildet daher die Brücke zwischen den Säugern und den Reptilien. Als Beispiele für diese Gruppe läßt sich der Cynognathus (Ordnung Therapsida) anführen.

5.) Die Unterklasse der Archosaurier. Wie die Schuppenkriechtiere (Lepidosaurier) auch, besitzen die Vertreter dieser Gruppe zwei Schläfengruben, unterscheiden sich aber sonst von anderen Reptilien. Zu ihrer Blütezeit gab es eine Vielzahl von Formen, die aber größtenteils schon ausgestorben sind. Dieser Unterklasse werden unter anderen folgende Ordnungen zugeordnet:

a) Die Ordnung der Krokodile (Crocodilia). Die Krokodile sind die einzige Gruppe der Archosaurier, die auch heute noch unsere Erde bevölkert, gleichzeitig sind sie die größten heute lebenden Reptilien überhaupt. Die Ordnung umfaßt die Krokodile, Alligatoren (Abb. 95) und Gaviale. Ihre Haut ist sehr dick, Horn- und Knochenschuppen bedecken den gesamten Körper. Krokodile besitzen Brustbein, Unterleibswirbel und ein von beweglichen Hautfalten geschütztes Trommelfell. Sie sind an das Leben an Land und im Süß- oder Salzwasser angepaßt, können kriechen, schwimmen und tauchen, wie am Bau der Gliedmaßen und des Schwanzes und an der Anordnung von Augen, Ohren und Nasenöffnungen zu erkennen ist. Die Kloakenöffnung verläuft längs. Die männlichen Tiere besitzen einen einfachen Penis mit Schwellkörper, die Weibchen sind mit einer Klitoris ausgestattet.

Zwei weitere Merkmale sind äußerst auffällig: Das Gebiß zeigt fest im Kiefer verankerte Zähne, und das Herz besteht aus vier Kammern, zwei Vor- und zwei Herzkammern. Rechter und linker Aortabogen sind dennoch vorhanden.

b) Die Ordnung der Saurischia. Zusammen mit der Ordnung der Ornithischia (s. u.) bildet sie die Gruppe der ausgestorbenen Dinosaurier. Diese Lebewesen besaßen Zähne an den vorderen Kiefern und waren Fleisch- oder Pflanzenfresser. Sie konnten sowohl klein als auch von außergewöhnlicher Größe sein. Die meisten Dinosaurier waren Zweifüßler, es gab aber auch Vierfüßler. Bevor diese Gruppe ausstarb, war sie äußerst vielgestaltig und artenreich. Als Beispiele seien der Tyrannosaurus rex (Abb. 96), ein fleischfressender, überaus großer, auf zwei Beinen laufender Dinosaurier, und der Diplodocus, der mit einer Länge von 25 Metern und einem Gewicht von 50 Tonnen einer der größten bekannten Dinosaurier überhaupt, genannt wird. Seine Ausmaße stehen im Gegensatz zur Größe seines Gehirns, das nur 15 cm lang war. Der Diplodocus ernährte sich von Pflanzen und lief auf vier Beinen.

c) Die Ordnung der Ornithischia. Die Reptilien dieser Ordnung besaßen ein Brustbein, das dem der heutigen Vögel ähnlich ist. Der Unterkiefer war mit sehr schwach ausgebildeten Zähne bestückt. Möglicherweise besaßen sie einen Hornschnabel. Es gab Zwei- und Vierfüßler. Sie waren aber vermutlich nicht die Vorfahren der Vögel. Als Vertreter dieser Gruppe sei der Iguanodon (Abb. 97) genannt.

d) Die Ordnung der Flugsaurier (Pterosaurier). Zu dieser Gruppe zählen die ausgestorbenen Flugsaurier, wie beispielsweise der Pteranodon (Abb. 94), der einen langen, zahnlosen Schnabel, leichte Knochen und ein Brustbein, das bereits vogelähnliche Ausbildungen aufwies, besaß. Die Flughäute wurden lediglich durch einen einzigen, sehr langen Finger gestützt. Vermutlich waren sie nur zu Gleit- und Segelflug fähig.

Abb. 95. Kaiman. Ist in Mittel- und Südamerika beheimatet. Der vierte Zahn des Unterkiefers paßt in eine entsprechende Lücke im Oberkiefer. Durch die besondere Stellung der Augen, Ohren und Nasenöffnungen an der Oberseite des Mundes können sie ihrer Beute fast vollständig unter der Wasseroberfläche verborgen auflauern.

Abb. 94. Pteranodon. Die Spannweite dieses Flugsauriers maß fast 8 Meter. Der Schwanz war sehr kurz und die vorderen Gliedmaßen besaßen vier Finger, von denen der jeweils vierte als Stütze der Flughaut diente. Es ist nicht erforscht, wie sich diese Reptilien am Boden fortbewegen konnten, ohne dabei ihre Flügel zu beschädigen.

Abb. 96. Tyrannosaurus rex (In der Mitte der Illustration). Nordamerikanischer Dinosaurier von etwa 15 Metern Länge und 6 Metern Höhe. Dieser Fleischfresser erlebte seine Blütezeit gegen Ende der Kreidezeit. Sein Aussterben hängt vermutlich damit zusammen, daß seine Beutetiere – wahrscheinlich Pflanzenfresser – verschwanden.

Abb. 97. Iguanoden: Bei diesen Pflanzenfressern war die Zweibeinigkeit weniger ausgeprägt als beim *Tyrannosaurus*, der in Europa gegen Ende der Kreidezeit lebte.

Hauptmerkmale

Diese Tiergruppe, deren hervorstechendstes Merkmal ihre Flugfähigkeit ist, umfaßt ungefähr 8600 Arten und ist damit die artenreichste Klasse der Wirbeltiere. Obwohl sie sich in ihrem grundlegenden Bauplan sehr ähnlich sind, gibt es eine Vielzahl an verschiedenen Formen, die eine ungeheure Bandbreite an Lebensräumen besiedeln. Die Klasse der Vögel umfaßt warmblütige Amnioten, deren Haut eine Besonderheit aufweist: die Federn (Abb. 99).

Dieses Merkmal, das Gefieder, ist für die Vögel von lebensnotwendiger Bedeutung, da es sie einerseits gegen Kälte schützt und ihnen andererseits das Fliegen ermöglicht. Ihre vorderen Gliedmaßen haben sich nämlich zu Flügeln umgebildet (Abb. 98). Das Gefieder von manchen Vogelarten kann verschiedene Färbungen annehmen, um Geschlechtspartner anzulocken oder um sich vor Feinden zu tarnen. Der Besitz von Federn unterscheidet die Vögel von allen anderen Lebewesen, aus diesem Grund könnten sie ebensogut als »Federtiere« bezeichnet werden.

Die Klasse der Vögel ist unter anderen durch folgende Merkmale gekennzeichnet:

Fortpflanzung. Es findet eine innere Befruchtung statt. Vögel sind eierlegende Tiere. Die männlichen Tiere besitzen zwei Hoden, die Weibchen aber nur den linken Eierstock.

Skelett. Es ist sehr fest und leicht. Wie die Reptilien besitzen Vögel einen einzigen Gelenkkopf am Hinterkopf, sie können ihren Kopf deshalb in alle Richtungen drehen.

Mund. Der Mund ist schnabelförmig ausgebildet und heute nicht mehr mit Zähnen bestückt. Einige fossile Formen hatten allerdings auch Zähne.

Blutkreislauf. Das Kreislaufsystem der Vögel gleicht dem der Säugetiere, da das Herz in vier Kammern aufgeteilt ist (zwei Vorkammern und zwei Herzkammern). Der Kreislauf ist doppelt und vollständig geschlossen. Er unterscheidet sich aber von den Säugern dadurch, daß der linke Aortabogen fehlt.

Stimmorgan. Auch Syrinx genannt. Es erlaubt den Vögeln zu singen. Dieses Organ ist zwischen den beiden Bronchien eingebettet.

Atmungsorgan. Es weist eine besondere Ausbildung auf, die Luftsäcke, die sich ins Innere des Körpers ausdehnen und sich mitunter sogar bis in die hohlen Knochen erstrecken können.

Haut. Schweißdrüsen und andere Drüsen fehlen, lediglich am Schwanzansatz besitzen die meisten Vögel die sogenannte Bürzeldrüse. Mit der fettigen Flüssigkeit, die sie absondert, säubern und imprägnieren die Vögel ihr Gefieder. Da ihnen Schweißdrüsen fehlen, können Vögel nicht schwitzen. Bei hohen Temperaturen beginnen sie deshalb zu keuchen.

Nervensystem. Vögel weisen ein sehr hoch entwickeltes Kleinhirn, flache Gehirnhälften ohne Windungen und 12 Paar Hirnnerven auf. Ihr Verhalten ist vorwiegend reflexbedingt, es gibt allerdings auch zahlreiche Arten, die über eine beträchtliche Intelligenz verfügen, so zum Beispiel Papageien und Raben. In der Regel wird ihr Verhalten durch körpereigene Hormone und Umweltreize bestimmt, das Lernvermögen dieser Tiere ist sehr viel weniger ausgeprägt als bei den Säugetieren.

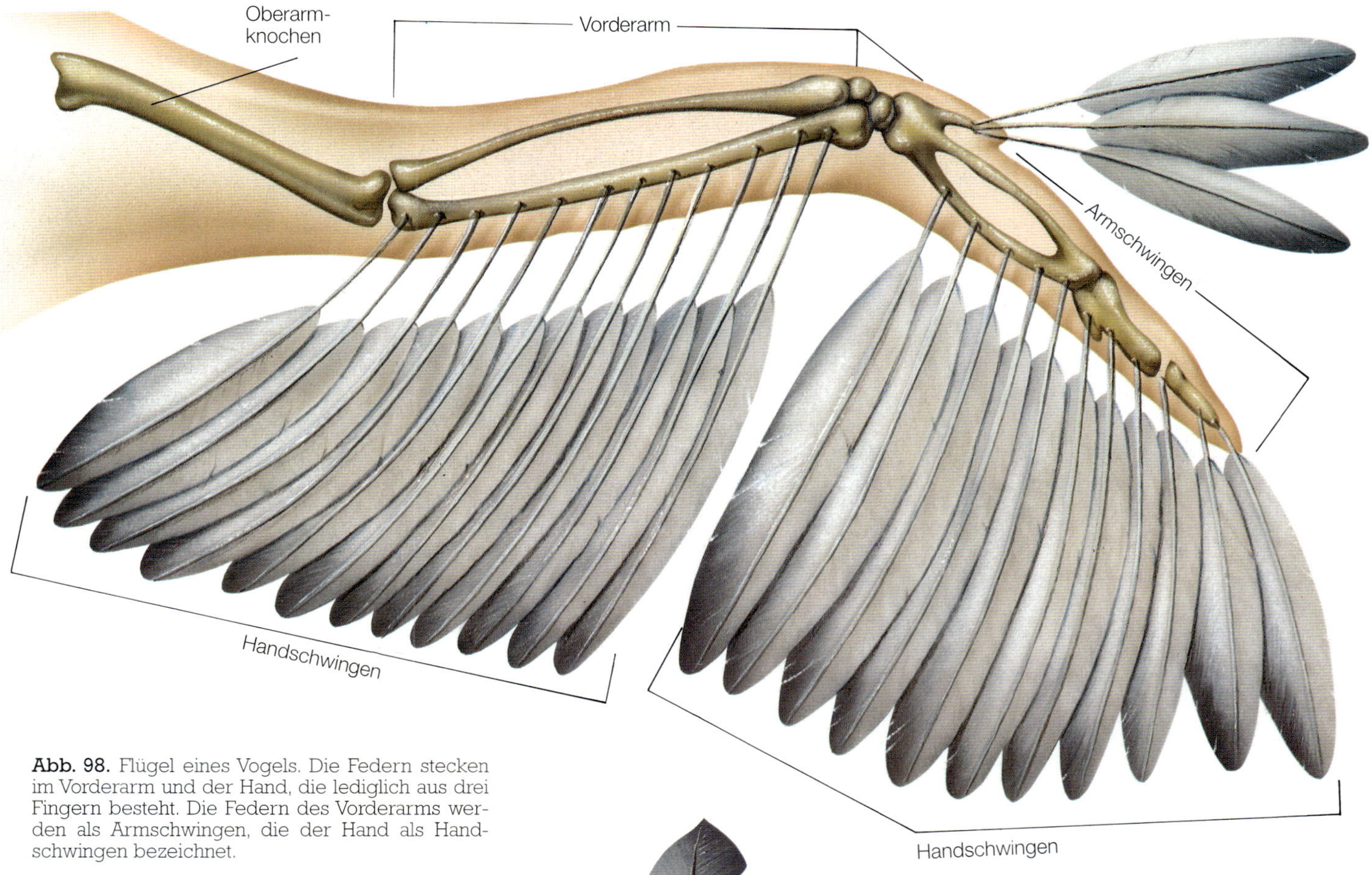

Abb. 98. Flügel eines Vogels. Die Federn stecken im Vorderarm und der Hand, die lediglich aus drei Fingern besteht. Die Federn des Vorderarms werden als Armschwingen, die der Hand als Handschwingen bezeichnet.

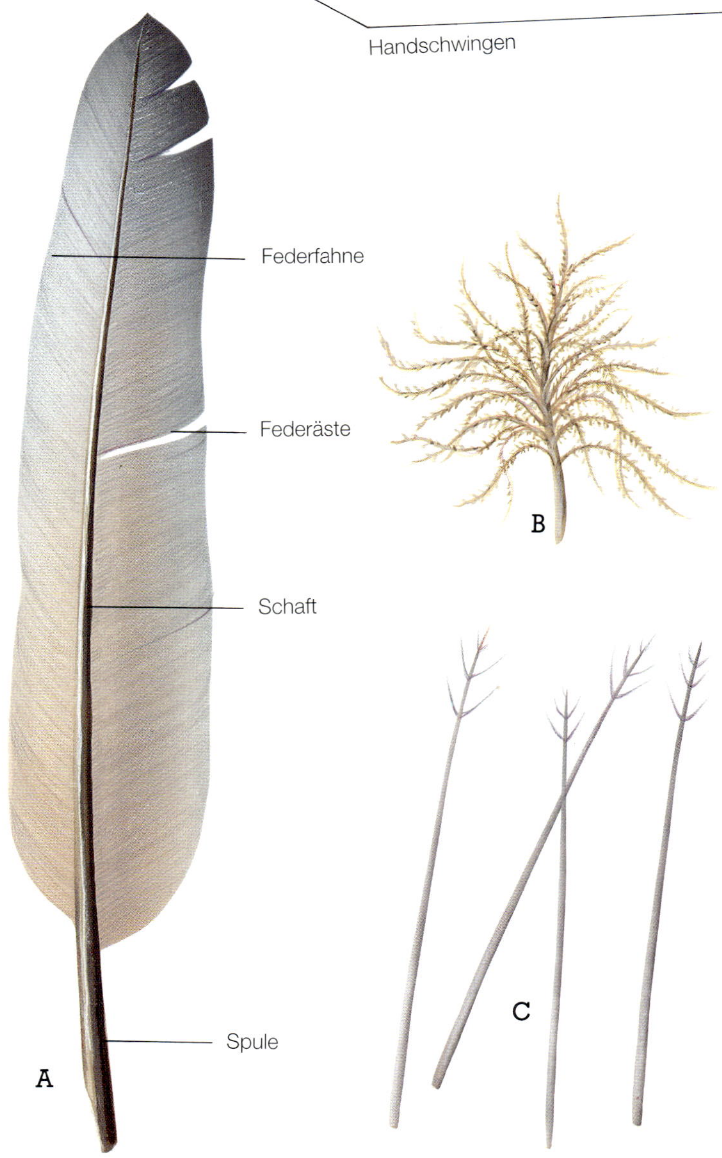

Abb. 99. Verschiedene Federarten.

A Konturfeder. Sie besteht aus einer hornigen Längsachse, auch Federkiel genannt, deren unterer Teil Spule heißt. Der obere Teil wird als Schaft bezeichnet. Auf beiden Seiten des Schafts sitzen die kompliziert gebauten Federfahnen, die aus den sogenannten Federästen bestehen.

B Daunenfeder. Sie weist keinen Schaft auf; die Federäste wachsen unmittelbar aus der Spule und bildet eine ausgefranste Fahne. Diese Federn schützen den Vogel vor Auskühlung und sind vor allem bei Jungtieren zu finden, kommen bei manchen Arten auch bei erwachsenen Vögeln vor.

C Fadenfeder. Sie bestehen aus einem Schaft und, an dessen Ende, aus einer winzigen Federfahne. Sie ähneln Haaren und sind über den gesamten Vogelkörper verteilt. Vermutlich stehen sie im Zusammenhang mit der Bewegung der Federn.

Entwicklungsgeschichte und Anpassungen (I)

ENTWICKLUNGSGESCHICHTE

Bis heute ist nicht eindeutig geklärt, wer die Vorfahren der Vögel waren. Das hängt damit zusammen, daß Funde fossiler Formen dieser Gruppe selten und zufallsbedingt sind, da das Leben in den Lüften es sehr unwahrscheinlich macht, daß sich ein sterbendes Tier in den für die Versteinerung günstigen Gegenden (Sümpfe, Moore) befand. Es spricht jedoch viel dafür, daß die Vögel von einem Zweig bereits ausgestorbener zweibeiniger Reptilien abstammen, den Archosauriern, die schon behandelt worden sind. Im einzelnen ist allerdings noch nicht bekannt, welche Entwicklungsstadien diese auf dem Land lebenden Reptilien durchlaufen haben, bis sie zu flugfähigen, wechselwarmen Vögeln wurden. Die Funde von zwei fossilen Exemplaren des Urvogels Archaeopteryx aus dem Oberen Jura zeigen zumindest ein Zwischenstadium (Abb. 100). Dieses Fossil weist einen zahnbewehrten Schnabel, einen langen Schwanz mit 20 freien Wirbeln, einen langen, echsenförmigen Körper und Krallen nicht nur an den hinteren, sondern auch an den vorderen Gliedmaßen auf. Diesen reptilientypischen Merkmalen stehen folgende Merkmale von Vögeln gegenüber: Der Körper ist mit Federn bedeckt die im Aufbau denen der heutigen Vögel gleichen. Da dieser Urvogel ein flaches Brustbein besaß, das für eine ausgebildete Flugmuskulatur keinen Platz bot, ist anzunehmen, daß der Archaeopteryx nicht in der Lage war, sich vom Boden zu erheben, ja nicht einmal aktiv gleiten konnte, sondern seine Flügel wohl nur dazu verwendete, um zwischen den Ästen eines Baums hin- und herzusegeln.

Aus den genannten Gründen ist wohl anzunehmen, daß die Vögel von einer ausgestorbenen Linie von zweifüßigen Reptilien abstammen, die in Bäumen lebten und zwischen den Ästen hin- und hersprangen oder -segelten.

ANPASSUNGEN

Unter den Wirbeltieren mit Schädel bilden die Vögel vielleicht die spezialisierteste Klasse, da die Eroberung des Luftraums eine Reihe von Anpassungen notwendig machte, die einen großen Teil ihres Bauplans betreffen. Wie unterschiedlich diese Anpassungen sind, wird uns auch eindruckvoll von der Vielgestalt an Formen und ihrer Lebensräume gezeigt.

ANPASSUNGEN AN DEN FLUG

Federn. Die Ausbildung von Federn ist mit Sicherheit die charakteristischste Anpassung an das Leben in den Lüften. Federn bilden sich aus abgestorbenen Zellen der Epidermis. Das Gefieder wird von Zeit zu Zeit gewechselt. Eine typische Feder weist eine komplexe Struktur auf, wie man unter dem Mikroskop erkennen kann (Abb. 102). Sie bietet der Luft eine große Oberfläche, ist gleichzeitig aber sehr leicht und stabil. Federn haben verschiedene Bezeichnungen, je nachdem, an welchem Teil des Körpers sie sich befinden:

Schwungfedern. Sie befinden sich an den vorderen Gliedmaßen und bilden die Flügel. Schwungfedern sind die größten Federn; je nachdem, ob sie am Arm oder an der Hand sitzen, werden sie als Arm- oder Handschwingen bezeichnet.

Steuerfedern. Sie bilden den Schwanz und dienen dazu, im Flug die Richtung ändern zu können.

Deckfedern. Sie bedecken den Körper des Vogels und sogar seine Schwungfedern.

Abb. 100. Archaeopteryx. Der primitivste bekannte Urvogel. Er weist sowohl Merkmale der Reptilien wie auch Merkmale der Vögel auf.

Abb. 101. Nachbildung des Archaeopteryx und seines Lebensraums.

Abb. 102. Schema einer typischen Feder. Die hohle Spule geht in den massiven Schaft über. An beiden Seiten sitzen die Federäste, die sich in die Bogenstrahlen, die mit den Hakenstrahlen verhaken.

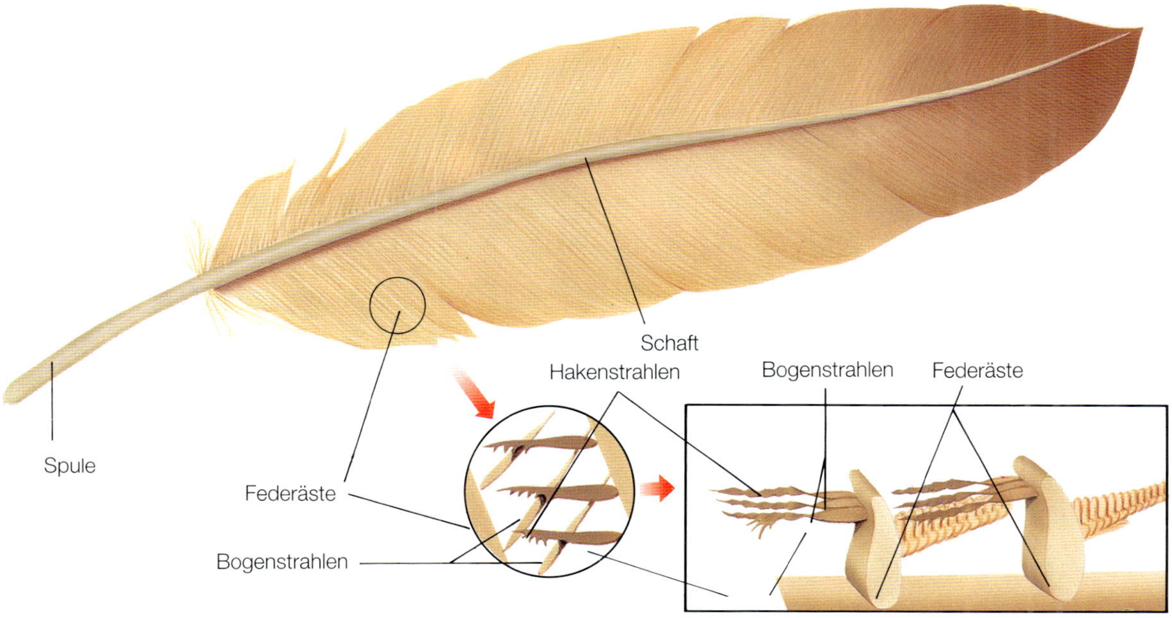

Entwicklungsgeschichte und Anpassungen (II)

ANPASSUNG AN DEN FLUG (Fortsetzung)

Bewegungsapparat. Sieht man sich Skelett und Muskulatur eines Vogels (Abb. 103) genauer an, erkennt man einige Besonderheiten, die vom Leben in der Luft bedingt sind:

– *Brustbein.* Durch den Kamm hat es eine markante Ausformung mit einer zweifachen Funktion: Einerseits befindet sich hier die extrem stark ausgebildete Brustmuskulatur, die für den Flügelschlag zuständig ist. Andererseits verleiht sie dem Vogel eine äußerst aerodynamische und stabile Form.

– *Wirbelsäule.* Die Wirbel sind derart zurückgebildet, daß lediglich Hals, Schwanz und der untere Teil des Oberkörpers beweglich sind. Die Oberkörperwirbel sind (bis auf den letzten) zusammengewachsen. Der letzte Oberkörperwirbel und fünf Schwanzwirbel bilden einen einzigen großen Knochen, Synsakrum genannt, der seinerseits mit dem großen Becken verwachsen ist. Es folgen sechs freie Schwanzwirbel, an denen vier verschmolzene Wirbel hängen (Pyrostyl). Dieses verwachsene Endstück der Schwanzwirbelsäule beschreibt eine Krümmung nach oben und trägt die Schwanzfedern.

- *Brustkorb.* Dank der Hakenfortsätze an den Rippen, die sich über die unmittelbar folgenden Rippe legen, ist er äußerst stabil gebaut.

- *Vordere Gliedmaßen.* Sie bilden die Flügel. Ihr Skelett hat sich so umgebildet, daß sie die Federn tragen können. Der Oberarmknochen ist breit und flächig, so daß hier die bereits erwähnte Flugmuskulatur Platz findet. Speiche und Elle sind sehr groß; die Hand besteht aus drei Fingern, von denen jedoch nur der erste beweglich ist.

- *Knochenbau.* Eine Besonderheit der Vogelknochen besteht darin, daß viele davon innen hohl sind und kein Knochenmark, sondern Luft enthalten. Man spricht deshalb von pneumatischen Knochen. Dieses Merkmal verleiht den Knochen zwar große Leichtigkeit, beeinträchtigt aber ihre Stabilität. Um dieses Problem zu lösen, weisen die pneumatischen Knochen eine Reihe von Querverstrebungen auf und bilden dadurch eine den Ingenieuren wohlbekannte Struktur, die ein Maximum an Stabilität mit einem Minimum an Gewicht verbindet (Abb. 104). Das Skelett des Vogels hat also durch das Leben in den Lüften eine Reihe von Anpassungen erfahren, die ihm geringes Gewicht, Stabilität und aerodynamische Form verleihen.

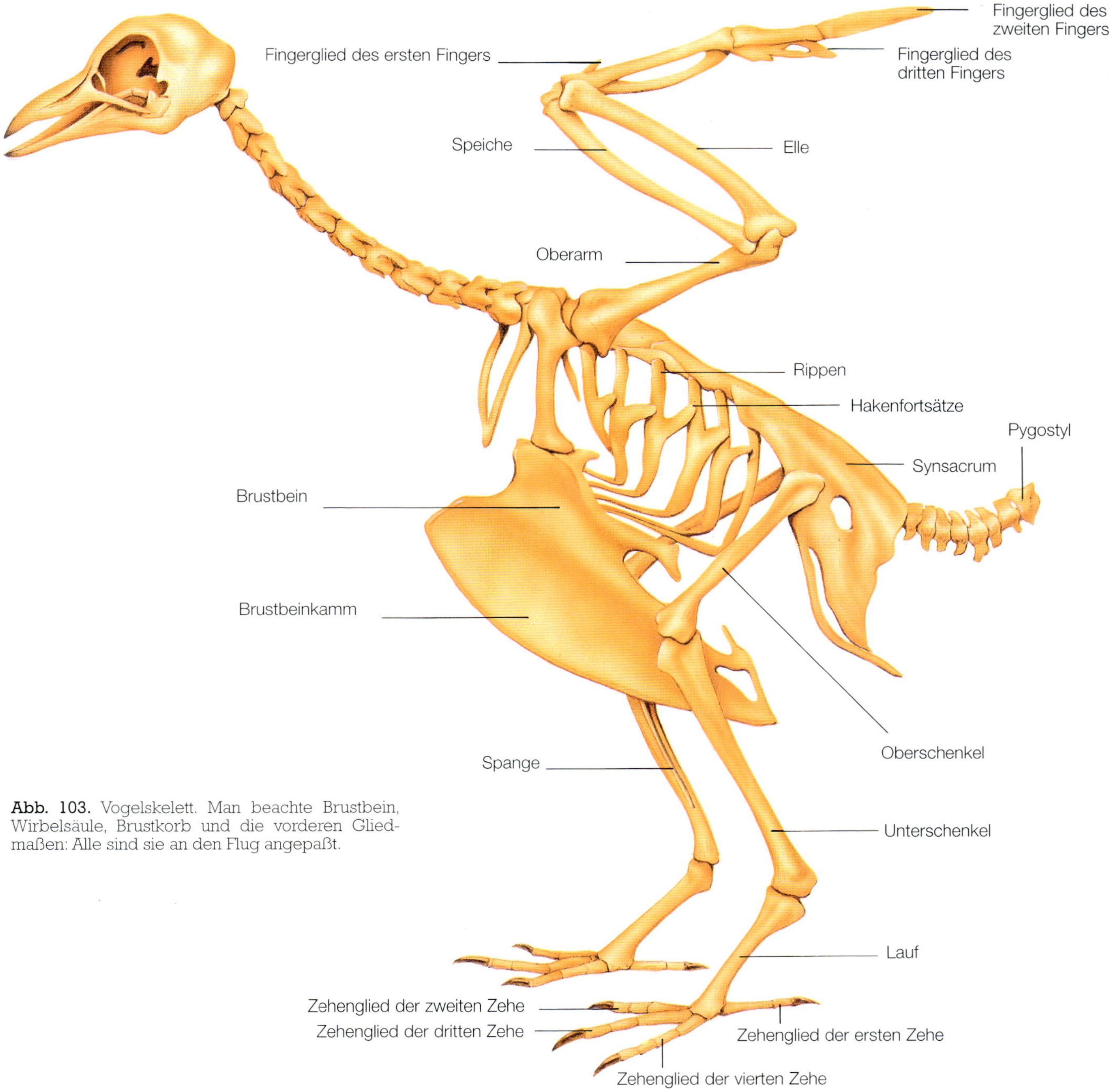

Abb. 103. Vogelskelett. Man beachte Brustbein, Wirbelsäule, Brustkorb und die vorderen Gliedmaßen: Alle sind sie an den Flug angepaßt.

Abb. 104. Der Querschnitt durch einen Vogelknochen zeigt die knöchernen Querverstrebungen. Sie erzielen maximale Stabilität bei minimalem Gewicht.

Entwicklungsgeschichte und Anpassung (III)

ANPASSUNG AN DEN FLUG (Fortsetzung)

Atmungsorgan. Auch hier hat eine Anpassung stattgefunden, da der Vogel während des Fluges große Mengen an Sauerstoff verbraucht. Abgesehen von Kehlkopf, Luftröhre, zwei Bronchien, zahlreichen Bronchiolen und zwei kleinen Lungen, besitzen Vögel einen unpaarigen und vier paarige Luftsäcke, die mit den Lungen verbunden sind und sich beim Einatmen mit Luft vollsaugen (Abb. 105). Beim Ausatmen tritt die verbrauchte Luft aus den Lungen, so daß sie fast leer sind (bei Säugetieren nimmt die Restluft viel Raum ein). Das erlaubt manchen Vögeln, weite Strecken zurückzulegen und beim Fliegen gleichzeitig zu singen, ohne daß ihnen die Luft ausgeht. Die Luftsäcke regulieren außerdem die Körpertemperatur.

Nervensystem. Auch das Nervensystem hat sich an das Fliegen angepaßt. Das Kleinhirn ist sehr gut ausgebildet, da es für den Gleichgewichtssinn zuständig ist und ein Vogel das Gleichgewicht natürlich perfekt beherrschen können muß. Von den Sinnesorganen sind Gehör und Sehvermögen hoch entwickelt, während Tast-, Geruchs- und Geschmackssinn nicht besonders ausgebildet sind.

ANPASSUNG AN VERSCHIEDENE LEBENSRÄUME

Sowohl hinsichtlich der Formen als auch der von ihr besiedelten ökologischen Nischen erweist sich die Klasse der Vögel als enorm unterschiedlich. Das zeigt sich vor allem an der Form des Schnabels und der Füße. Unter den vielen Anpassungen (Abb. 106), verdienen folgende besondere Beachtung:

Fischfressende Vögel. Die Arten, die sich von Fischen ernähren, wie beispielsweise Reiher, besitzen einen langen Schnabel und lange Beine. Das erlaubt es diesen Vögeln, im Wasser zu jagen, ohne daß dabei ihr Gefieder naß wird.

Insektenfressende Vögel. Mauersegler und Schwalben besitzen einen dünnen und schmalen Schnabel, der im Gegensatz zu ihrer großen Mundhöhle steht. Beim Mauersegler, der praktisch immer in der Luft lebt und sich nie am Boden aufhält, sind alle vier Zehen nach vorne ausgerichtet, so daß er sich auch an senkrechten Flächen festkrallen kann.

Körnerfressende Vögel. Vögel, die sich von Körnern ernähren, Finken zum Beispiel haben einen kurzen, kegelförmigen Schnabel. Bei den Arten, die sich auf den Ästen von Bäumen niederlassen, stehen drei Krallen nach vorne und eine nach hinten.

Fleischfressende Vögel. Raubvögel haben einen kurzen, kräftigen und gekrümmten Schnabel, der es ihnen erlaubt, den Körper ihrer Beute aufzureißen. Die Beine weisen scharfe, lange und leicht gekrümmte Krallen auf, um ihre Beute greifen zu können.

Wasservögel. Manche Arten, beispielsweise Enten und Gänse, besitzen einen breiten, abgeflachten Schnabel, mit dem sie aus dem Schlamm ihre Nahrung herausfiltern. Enten haben drei Zehen, die mit Schwimmhäuten verbunden sind, die vierte Zehe bleibt frei. Diese Ruderfüße eigenen sich hervorragend zum Schwimmen.

Spechtartige Vögel. Sie besitzen einen kräftigen Schnabel, der einem Meißel ähnelt. Sie hacken damit die Borke auf und fangen mit ihrer außergewöhnlich langen, vorschnellbaren Zunge Insekten. Die Stellung ihrer Zehen – zwei stehen nach vorn, zwei nach hinten – erlaubt es ihnen, sich an der Baumrinde festzukrallen und zu klettern.

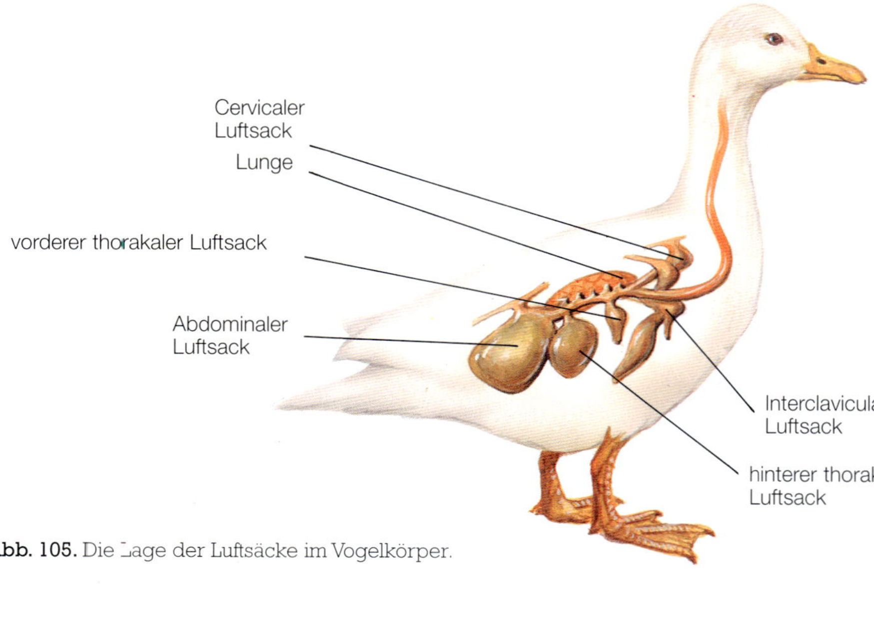

Abb. 105. Die Lage der Luftsäcke im Vogelkörper.

Abb. 106. Anpassung der Schnäbel und Füße an die jeweiligen Lebensräume und die Ernährung.

Klassifizierung

Die Klasse der Vögel umfaßt zwei Unterklassen, vier Überordnungen und vierunddreißig Ordnungen. Angesichts dieser großen Zahl werden hier nur die besonders wichtigen oder interessanten vorgestellt. In groben Zügen ist die Klassifizierung folgendermaßen festgelegt:

DIE UNTERKLASSE DER ARCHAEORNITHES. Zu ihr gehören die ältesten bekannten Vögel; sie sind in der Ordnung der Archaeopteryxiformes. Es gibt nur eine Art, den Archaeopteryx lithographica, der schon vorgestellt wurde. Er vereinigt sowohl Merkmale der Reptilien wie der Vögel.

DIE UNTERKLASSE DER NEORNITHES. Sie umfaßt alle anderen bekannten Vogelformen, sowohl die bereits ausgestorbenen wie die lebenden. Der Schwanz ist kurz und weist in der Regel das verwachsene Endstück auf. Das Brustbein ist im allgemeinen gut ausgebildet.

DIE ÜBERORDNUNG DER ORNITHOGNATHAE. Sie faßt eine ausgestorbene Gruppe aus der Kreidezeit zusammen. Diese Gruppe stellt den Versuch dar, sich wieder zu Wasserbewohnern zurückzuentwickeln. Die Formen dieser Gruppe besaßen Zähne, möglicherweise fingen sie damit Fische. Als Beispiel sei Hesperornis regalis genant, ein Wasservogel, der schwimmen und tauchen konnte. Sein Brustbein besaß keinen Kamm, er konnte vermutlich nicht fliegen.

DIE ÜBERORDNUNG DER FEDERLOSEN. Zu ihr gehören vor allem die Pinguine (Abb. 110), die sich an das Schwimmen und Tauchen angepaßt haben. Die vorderen Gliedmaßen sind abgeflacht und federlos, bilden also ein kräftiges Ruder. Im Unterschied zu den meisten anderen Wasservögel schwimmen Pinguine hauptsächlich mit den vorderen Gliedmaßen. Diese Vögel besiedeln ausschließlich die südliche Hemisphäre und leben in den der Antarktis nächsten Regionen in Südamerika, Südafrika, Australien und am Südpol selbst.

DIE ÜBERORDNUNG DER PALAEOGNATHAE. Sie stammt anscheinend von einer Gruppe fliegender Tiere ab, umfaßt aber große, flugunfähige Vögel, deren Brustbein keinen Kamm aufweist. Ihre Steuerfedern fehlen ganz oder sind unregelmäßig an verschiedenen Stellen ausgebildet, die Flügel haben sich zurückgebildet oder sind ganz verschwunden. Vertreter dieser Überordnung sind der Strauß (Struthio camelus), der in Afrika und Arabien beheimatet ist, der Nandu (Rhea) (Abb. 107) aus Südamerika, der Emu (Dromaeus) und der Kasuar (Casuarius) aus Neu Guinea und Nordaustralien und der Kiwi (Apteryx) aus Neuseeland etc.

DIE ÜBERORDNUNG DER NEOGNATHAE. Sie faßt 23 Ordnungen sehr unterschiedlicher Formen zusammen. Diese scheinbar heterogene Gruppe weist ein gemeinsames Merkmal auf, die Ausbildung des Gaumens (daher auch die Bezeichnung Neognathae). Von den vielen Vertretern dieser Überordnung seien hier aufgeführt:

– die Störche (Abb. 109) und Reiher (Familien Cicooniidae und Ardeidae). Diese großen Vögel besiedeln vorwiegend Sümpfe und Moorgebiete und ernähren sich von Fischen.

– die Enten (Abb. 114), Schwäne und Gänse (Familien Anatidae). Eine weitere Gruppe von Wasservögeln, die allerdings auch gute Flieger sind. Diese Gruppe ist praktisch auf der ganzen Welt verbreitet.

– die Raubvögel. Sie können sowohl tagsüber aktiv sein (Ordnung Falconiformes), so zum Beispiel, Adler, Falken etc., als auch nachtaktiv (Ordnung Strigiformes), wie beispielsweise Eule und Uhu. Gemeinsam sind diesen Vögeln kräftige Schnäbel und Krallen. Der Kondor (Abb. 108) und seine Verwandten wird in die Ordnung der Neuweltgeier (Cathartidiformes) gestellt.

– die Watvögel (Abb. 113) und Möwen (Ordnung Charadriformes). In der Regel besitzen sie lange Schnäbel und Beine. Sie ernähren sich häufig von kleinen wirbellosen Tierchen und besiedeln die Küsten. Die Möwen sind eine Gruppe, die sich an das Leben auf dem Wasser angepaßt hat.

– Papageien und Kakadus (Abb. 112) (Ordnug der Psittaciformes). Diese Formen sind ausschließlich in den Tropen und Subtropen anzutreffen und ernähren sich von Pflanzen. Sie besitzen einen kräftigen, gekrümmten Schnabel. Sie gelten wie die Raben als sehr intelligente Vögel mit gutem Gedächtnis. Sie fliegen wenig, dank der Stellung ihrer Zehen (zwei stehen nach vorn, zwei nach hinten) sind sie gute Kletterer.

– Seglervögel (Abb. 111) und Kolibris (Odnung Apodiformes). Sie sind die an das Leben in der Luft am besten angepaßten Vögel. Segler essen im Flug, kopulieren während des Flugs und können sogar in der Luft schlafen. Sie kommen praktisch überall auf der Welt vor.

– Sperlingsvögel (Ordnung Paseriformes). Diese zahlreiche Gruppe umfaßt die Hälfte aller Vogelarten, darunter auch die häufigsten Singvögel, die im allgemeinen sehr klein sind. Zu dieser Ordnung gehören so bekannte Vögel wie die Schwalben (Familie Jirundinidae), Lerchen (Familie Alaudidae), Finken (Familie Fringillidae), Webervögel und Sperlinge (Abb. 115) (Familie Ploceidae), Stare (Familie Sturnidae), Raben (Familie Corvidae) und Paradiesvögel (Familie Paradisaeidae).

Abb. 107. Nandu (Rhea). Gehört zur Ordnung der Rheiformes. Nandus haben drei Zehen an den Füßen. Ausbrüten und Aufzucht der Küken werden von den männlichen Tieren übernommen.

Abb. 108. Andenkondor (Vultur gryphus). Gehört zur Ordnung der Catharidiformes. Wie alle Geier ernährt er sich von Aas. Er fliegt in großen Höhen und nutzt selbst die geringsten thermischen Luftströmungen.

Abb. 110. Kaiserpinguin (Aptendodytes forsteri). Gehört zur Ordnung der Psittaciformes. Männchen und Weibchen bleiben das ganze Leben lang zusammen. Das männliche Tier brütet das einzige Ei aus, indem es dieses zwischen die Beine nimmt und sich darauf setzt. Die Aufzucht übernehmen dann beide Elternteile.

Abb. 109. Weißstorch (Ciconia ciconia). Gerhört zur Ordnung der Ciconiiformes. Störche besiedeln wasserreiche, sumpfige Gegenden. Häufig nisten sie auf Hausdächern, Kirchtürmen etc. Jahr für Jahr kehren sie zum gleichen Nest zurück.

Abb. 111. Mauersegler (Apus apus). Gehört zur Ordnung der Apodiformes. Seine Flügel sind säbelförmig gekrümmt, was ihn zu einem hervorragenden Flieger macht.

Abb. 112. Mönchssittich (Myiopsitta monachus). Gehört zur Ordnung der Psittaciformes. Sittiche bauen ihr Nest kunstvoll mit trockenem Geäst. Sie sind sehr intelligent und können sehr alt werden.

Abb. 113. Austernfischer (Haematopus ostralegus). Gehört zur Ordnung der Charadriiformes. Der Austernfischer ist in wasserreichen Gebieten, vor allem aber an Küsten anzutreffen. Mit seinem kräftigen Schnabel kann dieser Vogel Schalentiere, zum Beispiel Austern und Miesmuscheln, aufbrechen.

Abb. 114. Löffelente (Anas clypeata). Gehört zur Ordnung der Anseriformes. Die Löffelente ist ein Wasservogel, der mit seinem breiten Schnabel kleine wirbellose Tiere aus dem Wasser filtert. Diese Entenart besitzt eine besonders gut ausgebildete Bürzeldrüse, deren fettige Substanz ihr Gefieder wasserundurchlässig macht.

Abb. 115. Haussperling (Passer domesticus). Gehört zur Ordnung der Passeriformes. Spatzen ernähren sich normalerweise zwar von Körnern, mittlerweile haben sie ihre Ernährungsweise umgestellt und fressen nun auch Speiseabfälle des Menschen. Sie sind deshalb in großer Zahl auch in unseren Dörfern und Städten anzutreffen.

Hauptmerkmale (I)

Die Gruppe der Säugetiere umfaßt gleichwarme Amnioten, die sich durch zwei besondere Merkmale von allen anderen Wirbeltieren unterscheiden:

– Sie besitzen Milchdrüsen, mit denen sie ihre Jungtiere während der ersten Zeit nach der Geburt ernähren. Die Zahl und Lage dieser Milchdrüsen ist sehr unterschiedlich. (Abb. 117).

– Die Oberhaut (Epidermis) der Säugetiere ist behaart. Die Haare erneuern sich stetig, manchmal wechseln Säugetiere ihr Haarkleid auch in bestimmten Zeitabständen. Man könnte diese Gruppe deshalb auch als »Haartiere« bezeichnen. Die Haare tragen dazu bei, die Körpertemperatur konstant zu halten, sie können auch den Tastsinn steigern, zum Schutz dienen oder eine sexuelle Funktion haben.

Säugetiere sind nicht nur in der Lage, ihre Körpertemperatur konstant zu halten, sondern auch die Zusammensetzung ihres Bluts und ihrer Gewebeflüssigkeit. Dadurch haben sie sich von äußeren Umwelteinflüssen unabhängig machen können und besiedeln heute den größten Teil der Erde, auch außergewöhnlich kalte und heiße Gebiete. Die Säugetiere bilden eine enorm vielgestaltige Gruppe von ungefähr 8 500 verschiedenen Arten. Weitere Merkmale dieser Gruppe sind:

Fortpflanzung. Säugetiere besitzen Begattungsorgane, es findet innere Befruchtung statt. Von der einzigen eierlegenden Ordnung abgesehen (die Ordnung der Monotremata), bringen Säugetiere ihre Jungen lebend zur Welt und zeichnen sich durch eine außergewöhnlich fürsorgliche Brutpflege aus. Die meisten Weibchen besitzen eine Plazenta, die sich in der Gebärmutter (Abb. 116) zwischen Embryonal- und Gebärmuttergewebe befindet. Ernährung, Atmung und Ausscheidungen des Embryos finden innerhalb der Plazenta statt. Die Männchen sind mit zwei Hoden, die Weibchen mit zwei Eierstöcken ausgestattet, die Gebärmutter kann einfach oder doppelt ausgebildet sein. Die Mehrzahl der Säugetiere gebärt nur zu bestimmten Jahreszeiten, da die Weibchen ihre Eizellen nicht andauernd, sondern nur in festen Zyklen produzieren. Die Dauer eines solchen Zyklus kann unterschiedlich lang sein. Wenn der Eisprung stattfindet, wird das Weibchen als brünftig oder läufig bezeichnet.

Skelett. Der Schädel sitzt auf zwei Gelenkhöckern, was die Beweglichkeit des Kopfes beeinträchtigt. Der Schwanz ist in der Regel stark ausgebildet, Becken und Schultergürtel sind so angelegt, daß Säugetiere ihren Körper vom Boden erheben können, was sie von den Reptilien unterscheidet. Die Finger oder Zehen, die Nägel tragen, können in ihrer Anzahl zwischen 5 und 1 schwanken und zu Flossen, Flügeln etc. umgebildet sein. Allerdings sind Säugetiere vorwiegend Landwirbeltiere. In der Regel besitzen sie 7 Halswirbel.

Haut (Abb. 119). Im allgemeinen ist die Haut der Säugetiere mit Schweiß- und Talgdrüsen ausgestattet. Schweißdrüsen scheiden schädliche Abfallstoffe aus der Haut aus, tragen aber auch zur Regulierung der Körperwärme bei, indem sie bei hohen Außentemperaturen Schweiß ausdunsten und so eine Überhitzung verhindern. Talgdrüsen erzeugen Talg und halten die Haut geschmeidig und wasserundurchlässig.

Einige Säugetiere besitzen außerdem Duftdrüsen, die im Genitalbereich zu finden sind.

Mund. In der Regel ist der Mund mit Zähnen besetzt, die fest in Kieferknochenhöhlen verankert sind und in Schneide-, Eck-, Backen und Mahlzähne unterteilt werden. Die Zahl der Zähne schwank je nach Art. Sie wird mit Hilfe der Zahnformel errechnet. Die einfachste Zahnformel lautet: I (Schneidezähne) 3/3, C (Eckzähne) 1/1, P (Backenzähne) 4/4, M (Mahlzähne) 3/3 = 44; die Ziffern vor den Bruchstrichen beziehen sich auf den Oberkiefer, die hinter den Bruchstrichen auf den Unterkiefer. Normalerweise treten bei Säugetieren zwei Zahngenerationen auf, die Milchzähne und die Dauerzähne. Die Zunge ist äußerst beweglich und dient dazu, Töne zu modulieren.

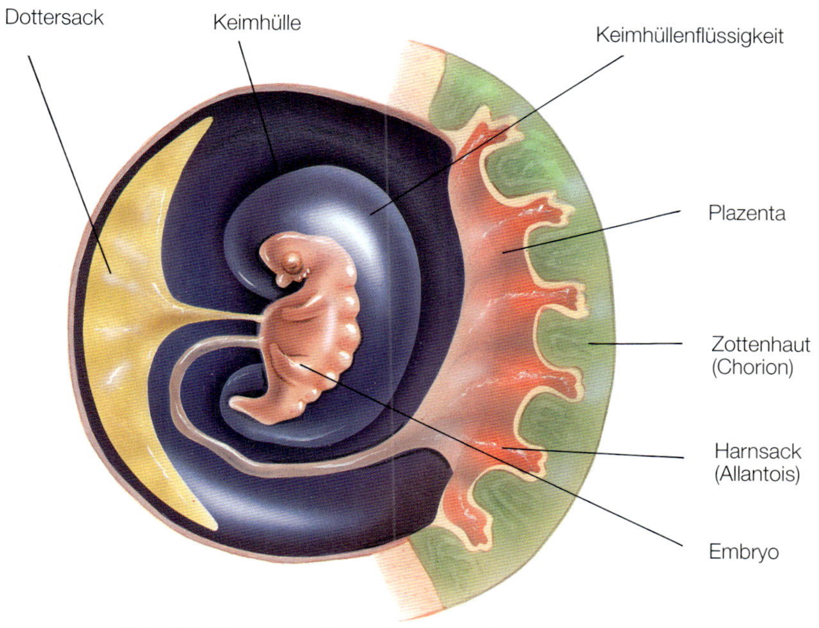

Abb. 116. Fötus eines Säugetiers in der Gebärmutter. Gut zu erkennen sind das Amnion, der Harnsack, der fetale und der zur Gebärmutter gehörende Teil.

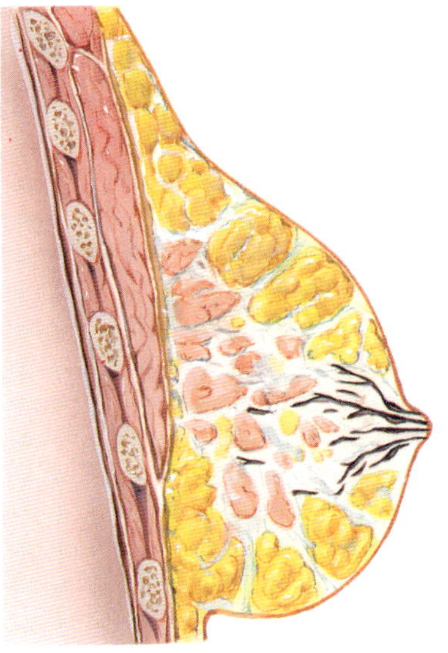

Abb. 117. Bau einer Milchdrüse.

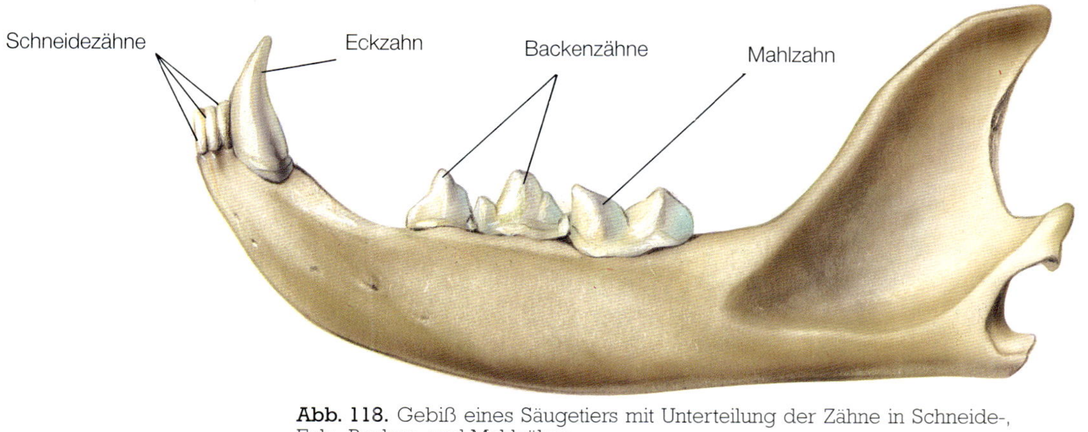

Abb. 118. Gebiß eines Säugetiers mit Unterteilung der Zähne in Schneide-, Eck-, Backen- und Mahlzähne.

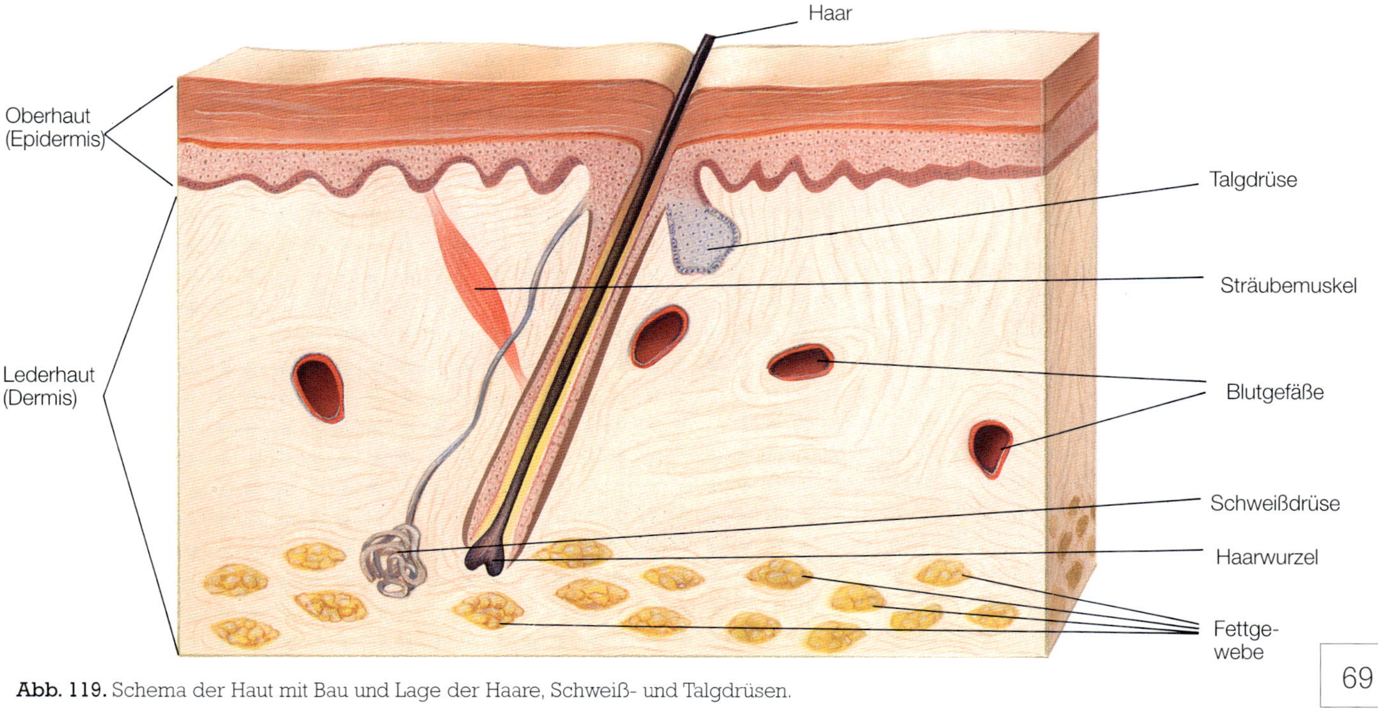

Abb. 119. Schema der Haut mit Bau und Lage der Haare, Schweiß- und Talgdrüsen.

Hauptmerkmale (II). Entwicklungsgeschichte

Stimmorgan. Anders als bei den Vögeln handelt es sich um eine Umbildung des Kehlkopfs. Das Stimmorgan besteht aus einer Reihe von Knorpeln. Strömt Luft an ihnen vorbei, beginnen sie zu schwingen und erzeugen Töne.

Atemorgane. Säugetiere atmen durch Lungen. Ihre Lungen sind mit zahllosen Lungenbläschen überzogen, in denen der Gasaustausch stattfindet (Abb. 120). Säugetiere besitzen einen besonderen Muskel, das Zwerchfell, das Ober- und Unterkörper gegeneinander absetzt und für die Atembewegung zuständig ist. Luftsäcke liegen bei dieser Gruppe nicht vor.

Blutkreislauf. Das Herz der Säugetiere besteht aus vier Kammern, zwei Vorkammern und zwei Herzkammern. Der Kreislauf ist doppelt und vollständig geschlossen. Im Gegensatz zu den Vögeln ist lediglich der linke Aortabogen erhalten geblieben. Mit Ausnahme der kamelartigen Säugetiere weisen die roten Blutkörperchen keinen Kern auf.

Nervensystem. Das Gehirn ist groß und hoch entwickelt (Abb. 121). Die beiden Gehirnhälften sind durch den Gehinbalken verbunden. Dieser Gehirnbalken, der weder bei den Reptilien noch bei den Vögeln zu finden ist, besteht aus einem Band von Nervengewebe. Hervorzuheben sind außerdem die Windungen des Großhirns, durch die die Oberfläche der grauen Rindensubstanz gesteigert wird, ohne daß dadurch das Volumen zunimmt. Die Ausbildung dieser Windungen nimmt von den primitivsten bis zu den höchstentwickelten Säugetierarten zu und erreicht ihr Maximum beim Menschen. Wie die Vögel besitzt auch das Gehirn der Säugetiere zwölf Paar Hirnnerven. Das am besten ausgebildete Sinnesorgan der Säugetiere ist das Gehör, das zum ersten Mal mit einer großen, äußeren Ohrmuschel ausgestattet ist. Diese Ohrmuschel ist häufig beweglich und fängt wie ein Schalltrichter die Schallwellen auf. Es folgen Mittelohr und das im Bau sehr komplexe Innenohr.

Das Verhalten der Säugetiere zeichnet sich durch seine außerordentlich hochentwickelte Lernfähigkeit aus. Diese Fähigkeit hat aber das Reflex- und Instinktverhalten nicht beeinträchtigt. Säugetiere lernen aufgrund von Erfahrung, Gewöhnung, bedingte Reflexe, Dressur und durch plötzliche Intuition (die höchste Stufe der Lernfähigkeit). Beim Menschen ist diese Fähigkeit am höchsten entwickelt. Das versetzt ihn in die Lage, seine Umwelt nach seinen Vorstellungen zu schaffen und ganze Landstriche zu gestalten.

EWICKLUNGSGESCHICHTE

Es ist schwierig, mit Sicherheit die Ursprünge der Säugetiere zu bestimmen, da die Merkmale, die diese Gruppe von den anderen Tieren unterscheiden, wie zum Beispiel die Warmblütigkeit, die undurchlässige, haarige Haut, die Milchdrüsen, die Viviparie, das Großhirn etc., Weichteile sind, die nicht als Versteinerungen auftreten. Aus diesem Grund wird versucht, die Entstehung dieser Gruppe anhand der knöchernen Teile, hauptsächlich des Schädels, zu bestimmen. Das wichtigste Merkmal des Säugetierschädels ist der Dentale, ein einziger zähnetragender Hauptknochen, der den Unterkiefer bildet. Dank dieses Knochens hat man herausgefunden, daß die Säugetiere von einer ausgestorbenen Gruppe von Reptilien, den Synapsida abstammen. Diese säugetierähnlichen Reptilien erlebten ihre Blütezeit im Perm, erlitt aber einen Rückschlag im Erdmittelalter. Die Vertreter dieser Gruppe wiesen im Schläfenbereich des Schädels eine Öffnung auf, die als Schläfengrube bezeichnet wird. Ein Beispiel ist Cynognathus (Abb. 122), dessen Gebiß sich aus unterschiedlich ausgebildeten Zähnen, also Schneide-, Eck-, Backen- und Mahlzähnen, zusammensetzt, was ein Merkmal von Säugetieren ist. Die Schläfengrube war mit den Augenhöhlen verschmolzen, was Platz für eine kräftige Kiefermuskulatur bot, auch das ein Merkmal heutiger Säugetiere. Die Schädelhöhle war sehr groß, und Schulter- und Beckengürtel wiesen ebenfalls eine Ähnlickeit mit den Säugetieren auf. Der Unterkiefer dieses Tieres läßt sich allerdings trotz seines relativ gut ausgebildeten Zahnknochens und der Rückbildung der anderen Knochen noch nicht mit dem der heutigen Säugetiere vergleichen. Man darf annehmen, daß die Säugetiere von mehreren Wurzeln abstammen, also polyphyletisch sind. Von den Synapsida zweigen unterschiedliche Gruppen ab, aus denen sich verschiedene Säugetierstämme herausgebildet haben. Eine andere Theorie geht allerdings davon aus, daß die Säugetiere von einer einzigen Gruppe abstammen, sich aber bald in zwei verschiedene Linien, die lebendgebärenden (Theria) und die eierlegenden (Prototheria) Säugetiere aufgespaltet haben. Angesichts der Schwierigkeiten im Zusammenhang mit der Häufigkeit und Interpretierbarkeit von Versteinerungen stehen beide Theorien gleichberechtigt nebeneinander.

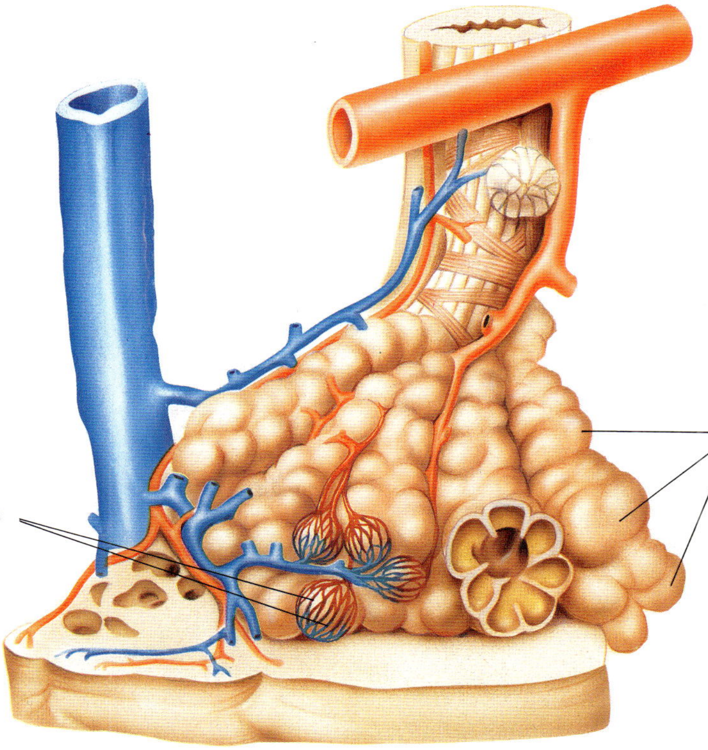

Abb. 120. Schema der Atmungsorgane. Detailansicht der Lungenbläschen.

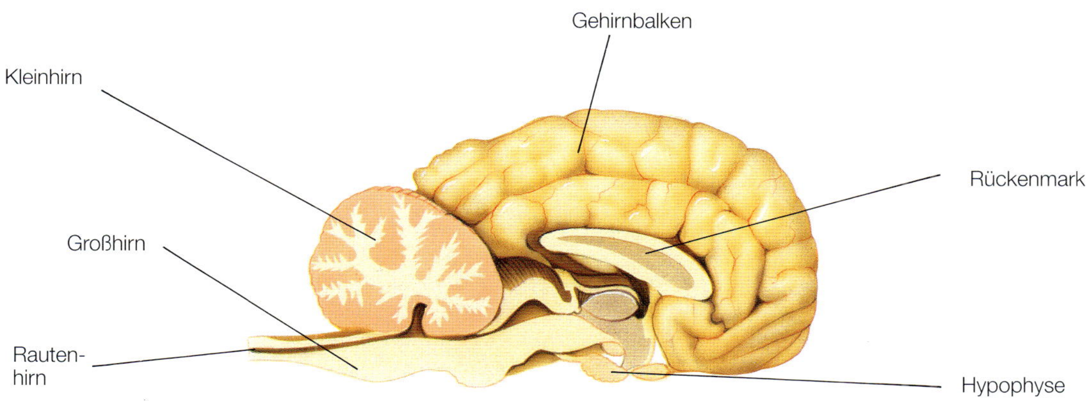

Abb. 121. Hirn eines Säugetiers. Gut sichtbar der Gehirnbalken und die Windungen der Hirnrinde.

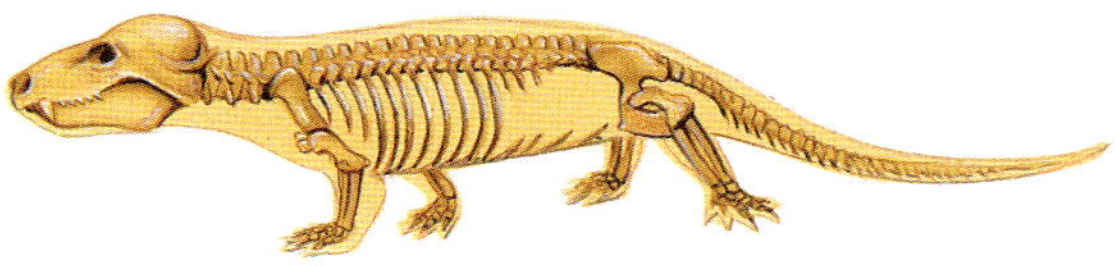

Abb. 122. Cynognathus. Dieses Tier wies sowohl Merkmale der Säuger als auch solche der Reptilen auf. Es war ein hundegroßes Raubtier, das einigen Theorien zufolge Haare trug und seine Körpertemperatur konstant hielt.

Anpassungen

Angesichts der Vielgestaltigkeit an Formen innerhalb dieser Gruppe richtet sich das Augenmerk vor allem auf eine Reihe von Anpassungen an die jeweilige Lebensweise. Diese Anpassungserscheinungen betreffen in erster Linie einen Aspekt: den Bewegungsapparat. Hier sind folgende Umbildungen zu beobachten:

Anpassung an den Gang (Abb. 123). Bei Säugetieren, deren Gang gemächlich ist, werden die Gliedmaßen mit der gesamten Sohle auf den Boden aufgestützt. Aus diesem Grund bezeichnet man sie als Sohlengänger. Als Beispiele für Sohlengänger seien der Bär und der Mensch genannt. Bei einer Anpassung an einen schnelleren Gang sind die Gliedmaßen so ausgebildet, daß nur zwei Zehen oder Finger den Boden berühren, wie es bei Hunden, Katzen etc. der Fall ist. Man bezeichnet diese Gruppe als Zehengänger.

Die beste Anpassung an einen schnellen Gang ist gegeben, wenn die Berührungsfläche mit dem Boden noch weiter vermindert wird. Die Gliedmaßen werden in diesem Fall nur noch mit den Zehenspitzen auf den Boden aufgestützt. Die Zehen sind von einer hornigen Klaue umgeben. Tiere dieser Gangart nennt man Zehenspitzengänger. Die Zahl ihrer Zehen hat sich häufig vermindert. Zu dieser Tiergruppe gehören die Paarhufer (Schweine, Kamele, Hirsche etc.) und die Unpaarhufer (Pferde, Zebras, Nashörner etc.).

Anpassung an den Sprung (Abb. 125). Innerhalb der Ordnung der Hasentiere (Ordnung Lagomorpha) (Hasen und Kaninchen) läßt sich beobachten, daß sich der Bewegungsapparat auf einen hoppelnden Lauf umgestellt hat. Erzielt wird diese Fortbewegung durch die im Vergleich mit den Vorderextremitäten sehr langen hinteren Gliedmaßen, die in ihrer Gestalt einer Z-förmigen Sprungfeder gleichen.

Anpassung an den Flug (Abb. 126). Fledermäuse sind die einzigen zum Flug fähigen Säugetiere. Erreicht wird die Flugfähigkeit durch eine Umbildung der vorderen Gliedmaßen, die sich in ihrem Bauplan von den Flügeln der Vögel dennoch grundlegend unterscheiden. Vorderarm und vier Finger der Hand sind außergewöhnlich langgestreckt (der Daumen ist kurz geblieben) und gleichen Stäbchen, die die Flughaut stützen. Diese Haut ist von zahllosen Blutäderchen durchzogen und erstreckt sich längs des Körpers über die hinteren Gliedmaßen bis zum Schwanz. Die Füße bleiben ausgespart. Das Brustbein besitzt wie bei den Vögeln einen Kamm, auf dem die für den Flügelschlag zuständige Brustmuskulatur sitzt.

Anpassung an das Schwimmen (Abb 124). Verschiedene Gruppen von Säugetieren sind an das Leben im Wasser angepaßt. Ein Kennzeichen dieser Anpassung ist ihr spindelförmiger Körperbau. Bei Walen und Tümmlern (Ordnung Wale) haben sich die vorderen Gliedmaßen zu Flossen umgebildet, die hinteren Gliedmaßen sind ganz verschwunden. Der Schwanz hat sich zurückgebildet und endet in einer senkrechten Schwanzflosse. Aufgrund dieser Umbildungen ist es ihnen unmöglich, sich auf dem Land fortzubewegen. Bei Seekühen (Ordnung Seekühe) sind die hinteren Gliedmaßen ebenfalls verschwunden, die vorderen Gliedmaßen haben eine ruderförmige Gestalt angenommen. Bei Robben und Seehunden (Ordnung Flossenfüßer) schließlich sind die hinteren Extremitäten erhalten geblieben und bilden ein Ruder. Bei beiden Gliedmaßenpaaren sind die Finger durch Schwimmhäute verbunden. Diese Säugetiere können sich – wenn auch nur sehr plump – auf dem Festland fortbewegen.

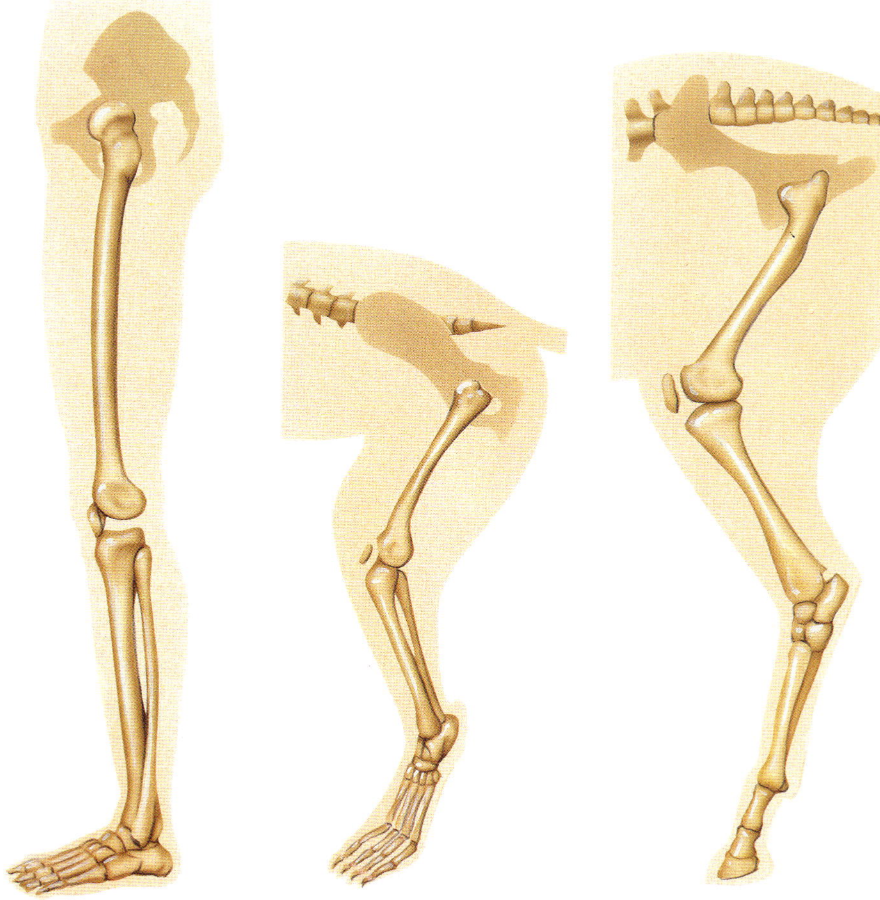

Abb. 123. Anpassung an den Gang.

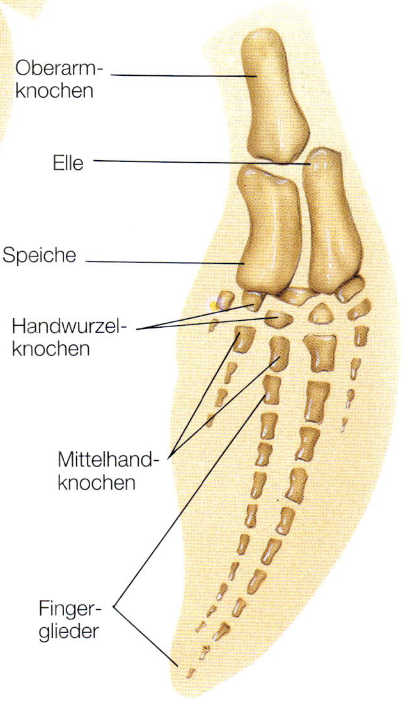

Abb. 124. Anpassung an das Schwimmen. Flosse eines Tümmlers.

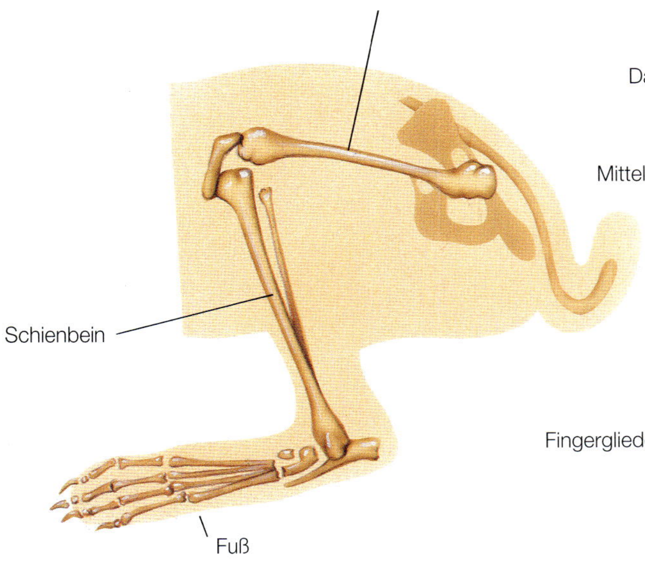

Abb 125. Anpassung an den Sprung. Man beachte die Länge des Fußes, der etwa genauso lang ist wie Oberschenkel und Schienbein zusammen.

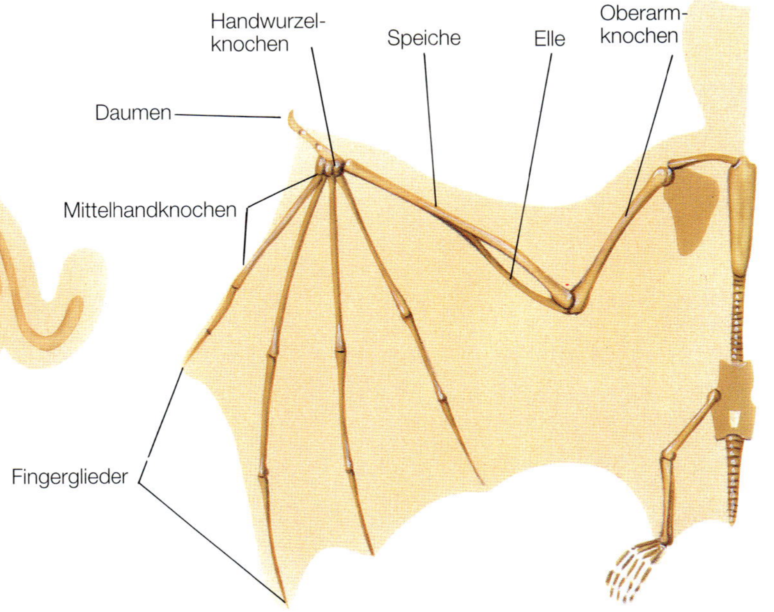

Abb. 126. Anpassung an den Flug. Flügel einer Fledermaus.

Klassifizierung (I)

Die Klasse der Säugetiere umfaßt zwei Unterklassen, drei Infraklassen (wovon sich eine auf fossile Formen bezieht) und 33 Ordnungen (13 davon fassen bereits ausgestorbene Formen zusammen). Die heute lebenden Säugetiere werden in folgende Gruppen unterteilt:

Die Unterklasse der Prototheria. Ihr werden die primitivsten heute noch lebenden Säugetiere zugeordnet. Sie umfaßt lediglich eine Ordnung:

– Die Ordnung der Kloakentiere (Monotremata). Diese Gruppe ist mit nur zwei Familien vertreten, dem Schnabeltier (Abb 127) und dem Ameisenigel, die als die urtümlichsten der heute lebenden Säugetiere gelten. Sie besitzen wie andere Säuger Milchdrüsen, Haare und ein vollständig ausgebildetes Zwerchfell. Eine Reihe von Merkmalen zieht aber einen Trennungsstrich zwischen ihnen und den restlichen Säugern. So tragen sie im Erwachsenenalter keine Zähne, sie legen Eier, ihre Milchdrüsen sind nicht mit Zitzen ausgestattet und sie können ihre Körperwärme nicht konstant auf dem gleichen Niveau halten, weshalb sie zeitweise in einen Winterschlaf fallen. Gliedmaße und Becken- und Schultergürtel sind stark reptilienhaft ausgeprägt, Verdauungstrakt und Fortpflanzungsorgane münden in eine einzige Kloake, was ebenfalls ein Merkmal der Reptilien darstellt. Die Vertreter dieser Gruppe sind ausschließlich in Australien und Neuguinea beheimatet.

Die Unterklasse der Theria. Ihr werden die eigentlichen Säugetiere zugeordnet. Sie bringen ihre Jungen lebend zur Welt, außerdem sind ihre Milchdrüsen bereits mit Zitzen ausgestattet. Diese Gruppe umfaßt:

Die Überordnung der Beuteltiere (Metatheria). Hierzu gehören die Säuger, deren Junge in einem noch sehr wenig entwickelten Stadium geboren werden und die ihre erste Entwicklung im Inneren des sogenannten Beutels beenden. Dieser Beutel besteht aus einer Hautfalte am Bauch des Muttertiers. Diese Gruppe umfaßt nur eine einzige Ordnung:

– Die Ordnung der Beuteltiere (Marsupialia). Der Name dieser Ordnung leitet sich vom Beutel oder Marsupium her, der von zwei Beutelknochen getragen wird. Zu dieser Ordnung gehören aber auch Formen, bei denen sich der Beutel stark zurückgebildet hat oder schon ganz verschwunden ist. Vertreter dieser Ordnung sind das australische Känguruh (Abb. 128), die amerikanischen Beutelratten (Abb. 129), der Beutelwolf aus Tasmanien etc. In der Regel ist ihre Gehirnhöhle relativ klein, es kommt, abgesehen von einem Backenzahn, nur zu einem einmaligen Zahnwuchs. Wie bei den Kloakentieren münden sowohl der Rectus als auch die Fortpflanzungsorgane in eine einzige Kloake. Die Männchen besitzen einen erigierbaren Penis, der an der Spitze häufig zweigespalten ist. Die Weibchen haben dementsprechend eine doppelte Klitoris und eine doppelte Gebärmutter. Im übrigen unterscheiden sie sich von den Kloakentieren dadurch, daß ihr Körperbau deutlich säugetierartig ausgebildet ist und sie ihre Körpertemperatur konstant halten.

Die Überordnung der Eutheria. Hier faßt man – folgt man der wörtlichen Übersetzung des Wortes Eutheria – die echten Säugetiere zusammen. Teilweise bezeichnet man diese Gruppe auch als Placentalia, was allerdings nicht ganz richtig ist, da auch manche Beuteltierarten (z. B. das Bandicut) eine Plazenta entwickeln. Die Plazenta ermöglicht es den Jungtieren, sich über eine relativ lange Zeit im Inneren der Gebärmutter ihrer Mutter zu entwickeln. Bei der Geburt haben sie dann ein sehr viel höheres Entwicklungsstadium erreicht als neugeborene Beuteltiere. Auch das Gehirn ist höher entwickelt und die Kloake ist verschwunden. Die Überordnung der Eutheria umfaßt folgende Ordnungen:

– Die Ordnung der Insektenfresser (Insectivora). Sie umfaßt eine Gruppe kleiner, normalerweise nachtaktiver Tiere mit länglicher Schnauze, die noch eine Reihe primitiver Merkmale aufweisen. So gibt es einige Arten, die noch eine Kloake und doppelte Gebärmutter besitzen. Als Vertreter dieser Ordnung seien der Maulwurf (Abb. 130), die Spitzmaus, der Igel etc. genannt.

– Die Ordnung der Riesengleitflieger(Dermoptera). Zu ihr gehört eine einzige Gattung, die Pelzflatterer Cynocephaalus, die vermutlich von den Insektenfressern abstammt. Vertreter dieser Art besitzen eine behaarte, von Muskeln durchzogene Flughaut, die sich vom Hals über vordere und hintere Gliedmaßen bis zum Schwanz erstreckt. Dank dieser Flughaut können diese Tiere von Baumästen zum Boden hinunter gleiten. Sie schlafen auch in den Bäumen, indem sie sich kopfüber an die Äste hängen. Die Pelzflatterer kommen ausschließlich in Südostasien vor.

Abb. 127. Schnabeltier. Ein eierlegendes, sehr primitives Säugetier, das am und im Wasser lebt. Der hornige Schnabel ähnelt dem einer Ente, die Krallen sind mit Schwimmhäuten verbunden. Das Schnabeltier ist etwa 60 cm - 1 Meter lang.

Abb. 129. Zwerg-Beutelratte (Marmosa). Sie ist in Südamerika beheimatet, wo sie teilweise in den Bäumen lebt. Sie besitzt keinen Beutel und mißt 40 - 50 cm.

Abb. 130. Maulwurf (Talpa). Eines der primitivsten Säugetiere der Infraklasse Eutheria. Ein Wühler mit zylinderförmigem Körper, -sehr großen Vorderfüßen, länglicher Schnauze, kleinen, unter der Haut sitzenden Augen. Der Maulwurf besitzt keine Ohrmuscheln.

Abb. 128. Känguruh (Macropus). Ein auf dem Land lebendes, pflanzenfressendes Beuteltier, das eine besondere Fortbewegungsart angenommen hat. Es macht Sprünge, da die hinteren Gliedmaßen wesentlich länger als die Vorerextremitäten sind. Die Jungen werden im Beutel transportiert, wo sie sich an den Zitzen der Milchdrüsen festsaugen.

Klassifizierung (II)

– Die Ordnung der Fledermäuse (Chiroptera). Fledermäuse (Abb. 131) sind die einzigen Säugetiere, die aktiv fliegen können. Sie ähneln den Insektenfressern und sind nur während der Dämmerung und nachts aktiv. Fledermäuse orientieren sich durch Echopeilung, das heißt, während des Flugs stoßen sie Schreie aus, die im Bereich des Ultraschalls liegen. Treffen diese Schallwellen auf ein Hindernis, werden sie zurückgeworfen und von der Fledermaus wahrgenommen. Dank dieser Echopeilung sind Fledermäuse in der Lage, in der Dunkelheit zu fliegen und Insekten zu fangen, ohne dabei gegen Hindernisse zu stoßen. Tagsüber schlafen Fledermäuse in feuchten und dunklen Orten, wie Dachsparren, Höhlen, alten Gemäuern etc. Dort hängen sie oft zu mehreren Hunderten kopfunter.

– Die Ordnung der Herrentiere (Primaten). Diese Gruppe umfaßt Halbaffen, Menschenaffen und den Menschen. Ursprünglich waren die Herrentiere Baumbewohner, und die meisten leben bis heute in den Bäumen. In der Regel besitzen sie eine Greifhand mit einem zu den übrigen Fingern opponierbaren Daumen. Die Primaten sind Sohlengänger. Das Gehirn, vor allem das Großhirn, ist hoch entwickelt und erreicht beim Menschen seinen höchsten Entwicklungsstand. Die Augen sitzen an der vorderen Gesichtsseite, so daß die Primaten einen Gegenstand stets mit beiden Augen gleichzeitig fixieren können (binokuläres Sehen). Bei den primitiveren Formen ist die Gebärmutter doppelt, bei den höher entwickelten ist sie nur einfach ausgebildet. Die Zahl der Jungen ist äußerst begrenzt und die Brutpflege dauert sehr lange. Als Beispiele für die Gruppe der Halbaffen seien die Lemuren aus Madagaskar und die Tarsius von den Philippinen genannt. Bei der Gruppe der Affen wird zwischen Schmalnasen- oder Altweltaffen und Breitnasen- oder Neuweltaffen unterschieden. Zu den Altweltaffen gehören die Orang-Utans, Schimpansen, Mandrills, Bartaffen etc. Zu den Neuweltaffen zählen die Brüllaffen, Spinnenäffchen (Abb. 134), Krallenäffchen etc.

Der Mensch, der zur Gruppe der Altweltaffen gehört, unterscheidet sich von den anderen Herrentieren durch sein außerordentlich hochentwickeltes Gehirn, seinen aufrechten Gang, seine lange Kindheit und Pubertät und durch die Tatsache, daß er fähig ist, sich seine Umwelt nach seinen Vorstellungen zu gestalten.

– Die Ordung der Zahnarmen (Edentata). Wie schon dem Namen zu entnehmen ist, faßt diese Ordnung Formen zusammen, die entweder keine oder stark zurückgebildete Backenzähne besitzen. Die Füße der Zahnarmen tragen starke und schwere Nägel. Vertreter dieser Ordnung sind das Gürteltier, das Faultier und der Ameisenbär (Abb. 136), die alle in Südamerika leben.

– Die Ordnung der Schuppentiere (Pholidota). Sie umfaßt lediglich eine einzige Gattung, die in der Alten Welt (Afrika und Asien) beheimateten Schuppentiere (Abb. 132). Der Körper dieser Tiere ist mit hornigen Hautschuppen bedeckt, zwischen denen Haare wachsen. Die Schuppentiere besitzen keine Zähne, aber eine vorschnellbare und lange Zunge. Sie sind nachtaktiv und ernähren sich vorwiegend von Ameisen.

– Die Ordnung der Hasentiere (Lagomorpha). Sie umfaßt Hasen und Kaninchen. Die Hasentiere sind den Nagern ähnlich, sie besitzen aber außer den beiden ständig nachwachsenden Schneidezähnen am Oberkiefer noch zwei weitere Schneidezähne. In Eurasien sind sie weit verbreitet, in Südamerika dagegen eher selten. In Australien sind sie vom Menschen eingeführt worden und vermehrten sich explosionsartig, was zu ernsten ökologischen Problemen führte.

– Die Ordnung der Nagetiere (Rodentia). Nagetiere besitzen jeweils zwei dauerwachsende Schneidezähne in Ober- und Unterkiefer. Eckzähne fehlen, Backen- und Mahlzähne sind aber vorhanden. Die Kaumuskulatur der Nagetiere ist außerordentlich stark ausgebildet. Es gibt ungefähr 3 000 Arten, die auf der ganzen Welt vertreten sind, die Ordnung der Nagetiere stellt damit die größte Gruppe innerhalb der Klasse der Säugetiere. Vertreter dieser Ordnung sind unter anderen die Ratten, Mäuse, Eichhörnchen, Stachelschweine, Biber, und die Wasserschweine (Abb. 133), die die größten der heute noch lebenden Nagetiere sind.

– Die Ordnung der Schliefer (Hyracoidea). Sie umfaßt lediglich eine einzige Gattung, die Schliefer, die nur in Afrika und Teilen des Vorderen Orients beheimatet sind. Es handelt sich um kleinwüchsige, pflanzenfressende Säugetiere. Ihre Schneidezähne wachsen das ganze Leben lang nach. Schliefer sind Sohlengänger. Ihre Füße weisen vier, ihre Hände drei Zehen auf. In mancherlei Hinsicht ähneln sie den Kaninchen. Wie die Nabelschweine besitzen sie eine Nabeldrüse (Duftdrüse) am Rücken.

Abb. 131. Ohrenfledermaus (Pleccotus). Sie ist in Europa beheimatet und ernährt sich von Insekten. Amerikanische Fledermäuse ernähren sich auch von Nektar, Blütenstaub. Manche Arten lecken das Blut von Wirbeltieren.

Abb. 132. Schuppentier (Manis). Es wird bis zu 1,5 Meter lang. Einige Arten sind Baumbewohner, andere leben in Savannen. Schuppentiere besitzen einen Greifschwanz.

Abb. 133. Wasserschwein (Hydrocherus). Ein sehr großes, südamerikanisches Nagetier. Es kann die Größe eines Ferkels erreichen. Wasserschweine leben teilweise im Wasser.

Abb. 134. Spinnenäffchen (Ateles). Ein Breitnasen- oder Neuweltaffe. Das Spinnenäffchen lebt in Bäumen und besitzt einen Greifschwanz, mit dem es sich festklammern und schaukeln kann.

Abb. 135. Feldhase (Lepus europaeus). Der Hase ist etwas größer als das Kaninchen. Ein weiteres Unterscheidungsmerkmal sind die schwarzen Flecken am Ende seiner langen Ohren. Auch seine Beine sind länger als die von Kaninchen. Er lebt heute vorwiegend auf landwirtschaftlichen Nutzflächen, ist ein Einzelgänger und nachtaktiv. Er gräbt auch keine Bauten.

Abb. 136. Ameisenbär (Myrmecophaga). Der Ameisenbär ist unschwer an seiner charakteristischen Schnauze zu erkennen. Seine Zunge ist lang, vorschnellbar und klebrig. Er ernährt sich vorwiegend von Ameisen. Ameisenbären können bis zu 1,80 Meter lang werden.

Klassifizierung (III)

– Die Ordnung der Rüsseltiere (Proboscidae). Sie umfaßt die Elefanten, die größten noch lebenden Landtiere. Elefanten erreichen ein hohes Alter, sie können weit über 65 Jahre alt werden. Ihre dicke Haut ist nur spärlich behaart. Oberlippe und Nase sind stark verlängert und bilden den Rüssel, der dieser Ordnung den Namen gegeben hat. Er wird als Greifwerkzeug verwendet. Die oberen Schneidezähne (nicht die Eckzähne) haben sich stark entwickelt und können eine Länge von bis zu 3,50 Meter und ein Gewicht von 90 kg erreichen. Heute gibt es zwei Elefantenarten: den Afrikanischen Elefanten (Abb. 138) und den Indischen Elefanten.

– Die Ordnung der Seekühe (Sirenia). Die Seekühe sind Wasserbewohner. Sie besitzen eine dicke, kaum behaarte Haut, unter der eine Fettschicht liegt. Seekühe ernähren sich von Unterwasserpflanzen. Die Rundschwanzseekühe oder Manatis (Abb. 141) leben an der südamerikanischen Atlantikküste und in den dort einmündenden Flußläufen, die Gabelschwanzseekühe oder Dugongs sind im Indischen Ozean und an den Küsten Australiens beheimatet.

– Die Ordnung der Erdferkel (Tubulidentata). Zu ihr gehört nur eine einzige Art, das afrikanische Erdferkel (Orycteropus) (Abb. 144). Die Zähne dieser Tiere bestehen aus parallelen Röhren aus Dentin.

– Die Ordnung der Unpaarhufer (Perissodactyla). Sie umfaßt Säugetiere mit einer ungeraden Zahl an Zehen, die von mindestens drei Hufen umschlossen sind. Die Backenzähne bilden eine beinahe verschmolzene Reihe. Unpaarhufer können Hörner besitzen. Ihre Ordnung umfaßt Pferde, Zebras, Tapire, Nashörner etc.

– Die Ordnung der Paarhufer (Artiodactyla). Hierzu gehören Säugetiere, die eine gerade Zahl an Zehen besitzen. Die Zehen sind von Hufen umschlossen, die sich auf eine Anzahl von jeweils zwei pro Fuß zurückbilden können. Das Gebiß ist stark spezialisiert, die Backenzähne bilden im Gegensatz zu den Unpaarhufern keine fest verschmolzene Reihe. Viele Arten tragen ein Geweih mit einem knöchernen Kern, der aus den vorderen Schädelknochen herauswächst. Der Magen der Paarhufer ist häufig sehr komplex ausgebildet, er weist in der Regel vier Kammern zum Wiederkäuen auf. Die Gruppe der Paarhufer umfaßt unter anderen Schweine, Nabelschweine, Kamele, Dromedare, Hirsche (Abb. 140), Giraffen und Gemsen.

– Die Ordnung der Raubtiere (Carnivora). Wegen ihrer Vielgestaltigkeit ist diese Gruppe nur schwer zu charakterisieren; bei allen Raubtieren sind aber die Schneidezähne in ihrer ursprünglichen Anzahl (drei Paare) noch voll ausgebildet. Die meisten Arten dieser Gruppe sind Fleischfresser, einige sind aber auch Allesfresser. Die Füße weisen in der Regel fünf Zehen auf, die einziehbare Krallen tragen können. Das Gehirn weist einen relativ hohen Entwicklungsstand auf. Die Ordnung der Raubtiere ist sehr artenreich, sie umfaßt unter anderen Hunde, Schakale, Füchse, Bären, Pumas, Katzen, Leoparden, Löwen, Tiger (Abb. 143), Marder, Wiesel, Hyänen etc.

– Die Ordnung der Robben (Pinnipedia). Die Gruppe der Robben wurde früher den Raubtieren zugeordnet, von denen sie abstammen. Robben sind Wasserbewohner und ernähren sich von Fischen. Ihre Finger sind mit einer Schwimmhaut verbunden und bilden eine Flosse. Die Anzahl der Zähne hat stark abgenommen. Zur Gruppe der Robben gehören die Seehunde, Walrosse, Seelöwen (Abb. 142) etc.

– Die Ordnung der Wale (Cetacea). Sie umfaßt Wale, Delphine und Tümmler. Bei dieser, im Wasser lebenden Gruppe, haben sich die vorderen Gliedmaßen zu Flossen umgebildet, die hinteren Gliedmaßen sind vollständig verschwunden. Der Schwanz endet in einer horizontalen Schwanzflosse. Die Wale besitzen eine dicke und isolierende Fettschicht unterhalb der Haut, die Haare haben sich fast vollständig zurückgebildet. Trotz ihres Aussehens sind diese Tiere Säuger, die ihre Jungen lebend zur Welt bringen, sie besitzen Milchdrüsen und atmen durch Lungen. Die Gruppe der Wale umfaßt Formen mit Zähnen, die sich von Fischen ernähren, wie zum Beispiel Delphine, Schwertwale oder Pottwale, und zahnlose Formen, die aber mit den sogenannte Barten, hornigen, unten ausgefransten Platten ausgestattet sind, die ihnen in die Mundhöhle hängen. Mit diesen Barten fischen sie kleine Meerestiere und Meerespflanzen aus dem Wasser. Zu den zahnlosen Walen zählen Buckelwal und Blauwal (Abb. 137).

Abb 141. Rundschwanzseekuh oder Manati (Trichechus). Die Lungen dieser Säugetiere besitzen Luftsäcke. Seekühe können bis zu 10 Minuten unter Wasser bleiben. Sie sind vorwiegend nachts aktiv und ihre Milchdrüsen befinden sich am Oberkörper. Vielleicht ist so der Ursprung der mystischen Meerjungfrauen zu erklären.

Abb. 142. Seelöwe (Eumetopias). Der Seelöwe ist zwar behender als der Seehund, auf dem Land bewegt aber auch er sich nur unbeholfen fort. Seelöwen besitzen ein kleines Außenohr.

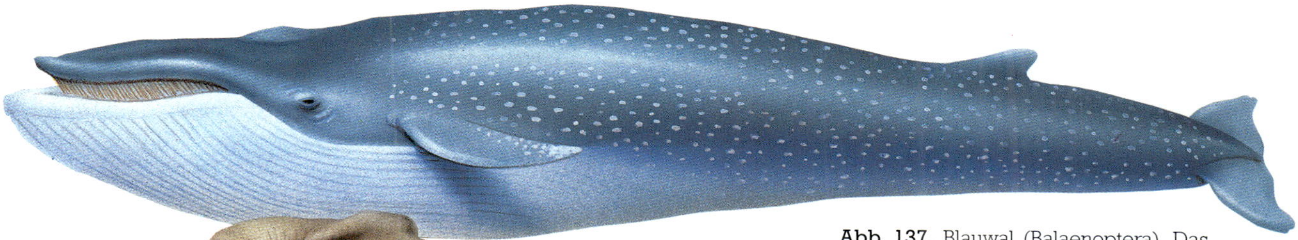

Abb. 137. Blauwal (Balaenoptera). Das größte auf der Welt lebende Tier. Der Blauwal kann bis zu 30 Meter lang und über 120 Tonnen schwer werden. Er besitzt eine knochenlose Rücken- und eine Schwanzflosse. Die Barten im Maul können bis zu 3 Meter lang werden. Blauwale können dreißig Minuten lang tauchen.

Abb. 138. Afrikanischer Elefant (Loxodonta). Das größte lebende Landtier. Es wird bis zu 3,50 Meter hoch. Im Unterschied zum Indischen Elefanten sind seine Ohren größer, und auch die Weibchen haben Stoßzähne. Der Rüssel besitzt zwei Greiffinger anstatt eines einzigen. Die Füße der Afrikanischen Elefanten haben jeweils vier Zehen, die der Indischen Elefanten nur drei Zehen.

Abb. 139. Zebra (Equus zebra). Entwicklungsgeschichtlich zeigt sich eine Rückbildung der Zehen, denn das Zebra besitzt lediglich eine einzige Zehe, die dritte, die von einem Huf umschlossen ist.

Abb. 140. Rothirsch (Cervus elaphus). Ist in Europa und Asien beheimatet. Die männlichen Tiere tragen ein Geweih, das sie im Frühjahr abwerfen, das ihnen aber jährlich nachwächst. In offenen Gebieten leben sie in großen Herden, in waldigen Gegenden in kleinen Rudeln. Im Herbst röhren die Männchen: die Brunftzeit hat begonnen.

Abb. 143. Tiger (Felis). Lebt in Asien. Tiger sind sehr gefräßig und in der Regel Einzelgänger. Sie lauern ihrer Beute oft sehr lange Zeit auf, ohne sie zu erlegen.

Abb 144. Erdferkel (Orycteropus). Sie haben einen sehr gedrungenen Körper. Die Schnauze ist länglich, der Mund rund und relativ klein, die Zunge sehr lang. Erdferkel leben in den afrikanischen Savannen und bauen unterirdische Gänge, um sich vor Feinden zu schützen. Sie ernähren sich von Termiten und sind nachtaktiv.

Verbreitungsgebiete

Die Tiergeographie ist der Zweig der Biologie, der sich mit der räumlichen Verbreitung der Tiere auf der Erde befaßt und die Gründe für diese Verbreitung untersucht. Es ist offenkundig, daß die verschiedenen Tierarten nicht gleichmäßig auf der Welt verbreitet sind, sondern daß sie bestimmte Gebiete besiedeln, sogenannte Verbreitungsgebiete, die in ihrer räumlichen Ausdehnung von Tierart zu Tierart erheblich schwanken können. Der Zweig der Tiergeographie, der sich mit diesen Verbreitungsgebieten befaßt, nennt sich Chorologie.

VERBREITUNGSGEBIETE

Legt man die räumliche Ausdehnung zugrunde, lassen sich vier mögliche Verbreitungsgebiete unterscheiden:

Weltweite Verbreitungsgebiete. Darunter versteht man Gebiete, die die ganze Welt oder deren größten Teil umfassen. Ein Beispiel für eine auf der ganzen Welt verbreitete Tierart ist die Haustaube.

Zusammenhängende Verbreitungsgebiete. Hier handelt es sich um Gebiete, die ebenfalls den ganzen Erdball umschließen, eine bestimmte Breite aber nicht überschreiten. Ein Beispiel für eine Familie, die innerhalb eines solchen Verbreitungsgebietes lebt, sind die Pinguine, die ausschließlich in südlichen Zonen anzutreffen sind.

Unzusammenhängende Verbreitungsgebiete. Darunter sind Gebiete zu verstehen, die nicht zusammenhängen, sondern sich in verschiedene, räumlich unabhängige Untergebiete aufspalten. Als Beispiel für diese Art der Verbreitung sind die kamelartigen Säugetiere zu nennen, die sowohl in Afrika und Asien als auch in Südamerika beheimatet sind (Abb 145).

Endemische Verbreitungsgebiete. Das sind Verbreitungsgebiete, die sich auf eine genau abgegrenzte Region beschränken. Als Beispiel für eine endemische Verbreitung sei die Balearen-Eidechse (Dodarcis pityusensis) der Balearen (Spanien) genannt. Endemische Arten, d. h. Arten, die nur in bestimmten Zonen leben, treten naturgemäß in Regionen auf, die von einer Reihe natürlicher Grenzen umgeben sind, die ihre weitere Verbreitung einschränken, wie beispielsweise das Meer im Fall von Landbewohnern, das Land im Fall von Wasserbewohnern, Wüsten, Gebirgszüge etc.

TIERREICHE

Betrachtet man die Erdoberfläche in ihrer Gesamtheit, werden fünf große Tierreiche (Abb. 146) unterschieden. Im einzelnen sind das die:
- Holarktische Zone.
- Neotropische Zone.
- Äthiopisch-Madagassische Zone.
- Orientalisch-Polynesische Zone.
- Antarktisch-Australische Zone.

Hier ist allerdings zu beachten, daß die Kriterien, nach denen diese Einteilung vorgenommen wird, nicht immer objektiv und eindeutig sind. Oft spielt auch ein subjekiver Faktor bei der Festlegung dieser Zonen eine Rolle. Aus diesem Grund gehen manche Forscher auch von sechs oder mehr Zonen aus. Das ist darauf zurückzuführen, daß die Eingrenzung einer Tiergemeinschaft auf ein bestimmtes Gebiet viele Schwierigkeiten mit sich bringt. In diesem Zusammenhang sind besonders folgende hervorzuheben:

– Die Wanderbewegungen, die bei vielen Tierarten zu beobachten sind. Ein besonders anschauliches Beispiel sind die Zugvögel, von denen mache sogar den Kontinent wechseln. So brütet die Küstenseeschwalbe beispielsweise entlang des 82. nördlichen Breitengrads, zieht dann aber längs der europäischen und afrikanischen Atlantikküste bis hinunter zum antarktischen Eismeer, das auf dem 74. Breitengrad liegt. Sie legt dabei eine Strecke von insgesamt 5 800 km zurück.

– Die Zahl der Tierarten ist außergewöhnlich hoch. Es gibt zum Beispiel fast eine Million verschiedener Insektenarten. Und auch heute noch werden laufend neue Tierarten von der Wissenschaft entdeckt, hauptsächlich wirbellose Tiere. Doch auch im Bereich der Wirbeltiere sind noch nicht alle Wissenslücken geschlossen. So werden auch heute noch unbekannte Tropenvögel entdeckt, um nur ein Beispiel zu nennen.

– Bestimmte Tiergruppen weisen hinsichtlich ihrer Bevölkerungsdichte in bestimmten Zeitabständen erhebliche – zum Teil sogar extreme – Schwankungen auf. Bei den in der Tundra lebenden Lemmingen zum Beispiel kommt es nach kurzen und milden Wintern zu einer explosionsartigen Vermehrung. Um die enorme Überbevölkerung abzubauen, wandert ein Teil dieser Tiere auf der Suche nach neuem Lebensraum ab.

– Die Konkurrenz zwischen zwei Arten, die eine ökologischen Nische besiedeln, kann zur Verdrängung einer dieser beiden Arten führen. So ist in England das dort heimische Eichhörnchen (Sciurus vulgaris) vom amerikanischen Grauhörnchen (Sciurus carolinensis), das der Mensch nach England gebracht hatte, verdrängt worden.

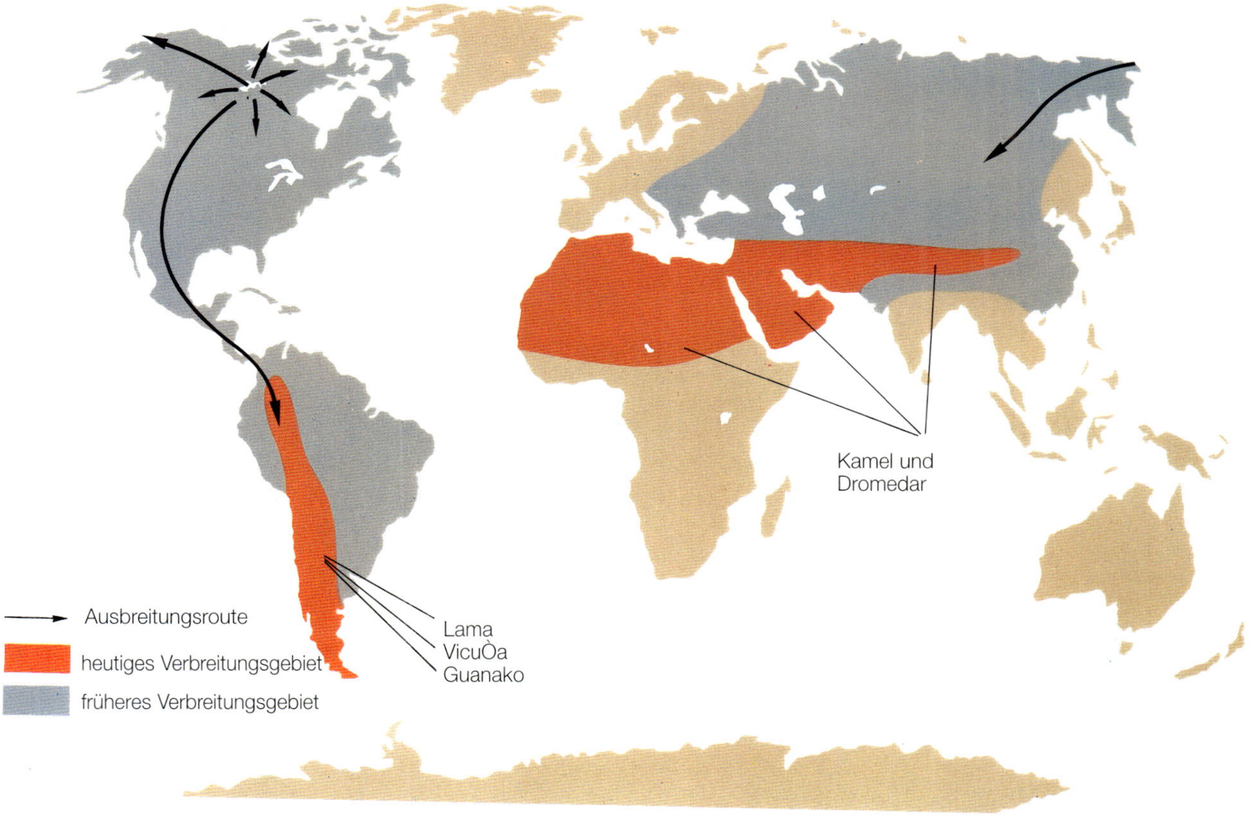

Abb. 145. Die Verbreitung der kamelartigen Säugetiere.

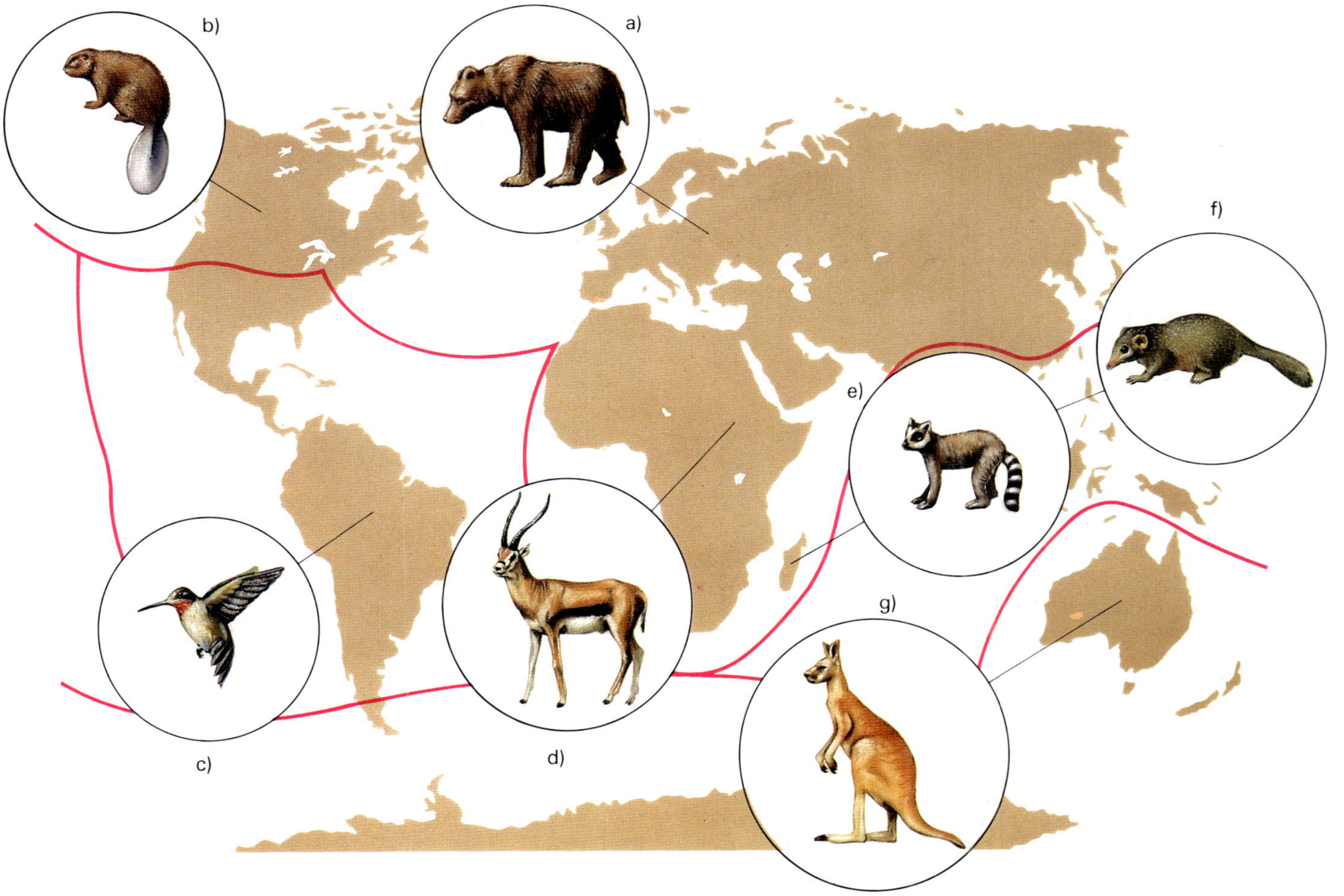

Abb. 146. Die großen Tierreiche der Erde und einige Arten, die ausschließlich dort beheimatet sind: a) Braunbär; b) Biber; c) Kolibri; d) Antilope; e) Lemur; f) Tupaya; g) Känguruh.

Die großen Tierreiche

DAS HOLARKTISCHE TIERREICH

Diese Region zeichnet sich durch eine Vielzahl an verschiedenen Lebensräumen aus: dichte Urwälder, ausgedehnte Wüsten, Tundren, Steppen, Laubwälder und immergrüne Wälder etc. Die hier heimischen Arten verleihen dieser Region einen eigenen Charakter. An den Küsten des arktischen Eismeeres leben nur sehr wenige Arten, da die Wasseroberfläche die meiste Zeit des Jahres zugefroren ist. Die Laubwälder bieten dagegen weitaus bessere Lebensbedingungen und beherbergen deshalb auch sehr viel mehr Arten. Als Beispiele für endemische, das heißt, ausschließlich hier heimische Wirbeltierarten seien die lachsartigen Fische (Lachse, Forellen etc.), Heringe und der Kabeljau genannt. Von den Amphibien leben hier die echten Salamander und Molche, von den Säugetieren Biber, Braunbären, Eisbären, Elche (Abb. 147) etc.

DAS NEOTROPISCHE ODER AMERIKANISCHE TIERREICH

Diese sehr langgestrecke Region unterliegt verschiedenen Klimaeinflüssen: hier herrschen eisige Temperaturen und glühende Wüstenhitze. Aber die Anden, die Südamerika von Nord nach Süd durchziehen, bedingen auch gemäßigtere und für diese Breitengrade sogar kühle Klimazonen. Aus diesem Grund hat sich hier eine hochgradig spezialisierte Fauna (Tierwelt) herausgebildet. Im Verlauf der Erdgeschichte war Südamerika ein von den anderen Kontinenten abgeschnittener Erdteil, so daß sich dort viele urtümliche Formen finden, wie zum Beispiel der Hoatzin (Abb. 151), das südamerikanische Schopfhuhn. Abgesehen davon ist diese Zone äußerst artenreich. Stellvertretend für die wichtigsten heimischen Arten seien genannt der Tukan (Abb. 153), die Kolibris, die Lamas (Abb 148), die VicuÒas und Guanakos, die Kaimane, Neuweltaffen, zahnarme Säugetiere, wie zum Beispiel das Gürteltier, das Faultier und der Ameisenbär und Beuteltiere wie die Beutelratten.

DAS ÄTHIOPISCH-MADAGASSISCHE TIERREICH

Diese Region liegt zwar in wärmeren Breitengraden, es herrschen aber auch hier unterschiedliche Klimazonen, wie zum Beispiel das Klima der Urwälder am Äquator mit ihren häufigen Niederschlägen und hohen Temperaturen, das Savannenklima mit extremen Schwankungen hinsichtlich der Regenfälle und Temperaturen und das Klima von Nordafrika, das dem Mittelmeerklima sehr ähnlich ist.

Diese unterschiedlichen Klimazonen bedingen einen großen Artenreichtum innerhalb der hier heimischen Tierwelt. Einige Tiere haben das Bild dieser Region geprägt: die Antilope, der Löwe (Abb. 149), der Leopard, der Gepard etc. Andere nur hier heimische Tierarten sind: der Flösselhecht, Paarhufer wie das Nilpferd und die Giraffe, Unpaarhufer, wie das Zebra, das Erdferkel, der Strauß, Altweltaffen, wie der Schimpanse und der Gorilla, Halbaffen, wie der Lemur auf Madagaskar, etc.

DAS POLYNESICH-ORIENTALISCHE TIERREICH

Diese Region liegt in der tropischen Zone, die sich durch das warme Klima und starke Niederschläge auszeichnet und folglich beste Lebensbedingungen bietet. Diese Region beherbergt deshalb einen großen Artenreichtum unter den hier heimischen Wirbeltieren. Der Urwald stellt das vorherrschende Ökosystem dieser Region dar. Ausschließlich hier lebende Arten sind die Gibbons, die Tupayas (Nagetiere), Halbaffen, wie der Tarsius, Altweltaffen, wie Makaken, Orang-Utans, die Pelzflatterer (Cynocephalus) (Ab. 150), der Pfau, Reptilien, wie die Pythonschlange und der Flugdrache, etc.

DAS ANTARKTISCH-AUSTRALISCHE TIERREICH

Diese Region umfaßt zwei Untergebiete, die aufgrund ihrer Unterschiedlichkeit einzeln behandelt werden müssen:

Die antarktische Küste. Hier herrschen extrem niedrige Temperaturen und starke Winde. Die Tierwelt ist wegen dieser sehr ungünstigen Lebensbedingungen nur spärlich. Es leben in dieser Region nur wenige Arten, wie Robben, Pinguine, Sturmvögel etc.

Australien. Dieser Kontinent hat sich erdgeschichtlich kaum verändert. Die Oberfläche Australiens ist flach, das Klima ist, abhängig vom Breitengrad, tropisch bis gemäßigt-warm. Es gibt keinen einzigen langen und wasserreichen Fluß, so daß dieser Erdteil im allgemeinen trocken ist. Da sich Australien schon sehr früh (in der Kreidezeit) von den anderen Kontinenten abgespalten hat, sind unter den Wirbeltieren viele urtümliche Formen zu finden, die diesem Tierreich einen besonders ausgeprägten Charakter verleihen. Beispiele für nur hier heimische Arten sind die Kloakentiere (Ameisenigel und Schnabeltier), Beuteltiere, wie das Känguruh und der Koalabär (Abb. 152), der Emu, der Australische Lungenfisch Neoceratodus etc.

Abb. 147. Elch (Alces alces). Dieser nordeuropäische Hirsch ist ausschließlich im holarktischen Tierreich anzutreffen.

Abb. 148. Lama (Lama glama). Haustiere, die sowohl als Lasttiere wie auch als Fleischlieferanten gehalten werden. Teilweise leben sie auch noch wild in den chilenischen Anden.

Abb 149. Löwe (Panthera leo). Dieses Raubtier ist der Inbegriff des äthiopisch-madagassischen Tierreichs.

Abb. 152. Koalabär (Phascolarctos cinereus). Dieses Beuteltier ernährt sich von Eukalyptusblättern. Es kommt nur in der antarktisch-australischen Region vor.

Abb. 150. Temmink-Pelzflatterer (Cynocephalus temminki). Dieses Tier kann sich auf der Erde nur sehr unbeholfen fortbewegen, beim Klettern in den Bäumen ist es aber sehr behende. Dank seiner Flughaut kann es Gleitflüge machen. Die Pelzflatterer sind ausschließlich im polynesisch-orientalischen Tierreich heimisch.

Abb. 151. Hoatzin (Opisthocomus hoatzin). Erreicht in etwa die Größe eines Fasans. Die frischgeschlüpften Jungen besitzen freie Finger mit Krallen, so daß sie sich an Baumästen festkrallen können. Der Hoatzin lebt im südamerikanischen Amazonasgebiet.

Abb. 153. Tukan (Ramphastos). Tukane ernähren sich von Früchten und leben in den Urwäldern Südamerikas.

Glossar

Allantois. Enddarmausstülpung des Wirbeltierembryos.

Ambulakralsystem. Typisches Wassergefäßsystem der Stachelhäuter, das mit kleinen ausstülpbaren Füßchen verbunden ist. Dient bei vielen Arten zur Fortbewegung.

Ambulakren. Die 5 strahlenförmig von der Körpermitte ausgehenden Zonen der Stachelhäuter, die einen Teil des Wassergefäßsystems (Ambulakralsystem) bilden.

Amnion. Innere Embryonalhülle der Wirbeltiere.

Amniota. Wirbeltiere, die Embryonalhüllen (Amnion, Serosa, Allantois) ausbilden: Reptilien, Vögel, Säuger.

Anamnia. Wirbeltiere, denen Embryonalhüllen fehlen: Fische und Lurche.

Androgene. Männliche Sexualhormone (insbesondere Testosteron), die bei Wirbeltieren in Hoden und Nebennieren gebildet werden.

Aorta. Vom Herzen ausgehende weite Arterie vieler Tiere.

Arterien. Vom Herzen fortführende Blutgefäße.

Atlas. Erster Halswirbel der Amnioten; dreht sich um den Axis.

Äußere Befruchtung. Außerhalb des mütterlichen Körpers stattfindende Befruchtung; bei Wassertieren verbreitet, unter den Wirbeltieren nur bei Fischen und Lurchen.

Autochthone Tierart. Für das betreffende Gebiet einheimische Tierart.

Axis. Zweiter Halswirbel der Amnioten.

Canini. Eckzähne des Säugergebisses.

Cephalon. Kopfabschnitt des dreigeteilten Körpers der Krebse.

Chitin. Langkettiger Aminozucker, der Bestandteil des Außenskeletts der Gliederfüßer ist.

Choanen. Innere Öffnungen zwischen Nase und Rachen bei Wirbeltieren

Chorda dorsalis. Zwischen Rückenmark und Darm liegender Längsträger des Körpers der Chordatiere, aus dem die Wirbelsäule der Wirbeltiere hervorgeht.

Chordatiere. Die Vertebrata (Wirbeltiere), Tunicata (Manteltiere) und Acrania (Schädellose) umfassender Tierstamm.

Chorion. Embryonaler Anteil der Plazenta.

Cilien. Auch Wimpern genannte bewegliche Zellfortsätze. Im Gegensatz zur Geißel in Mehrzahl an einer Zelle vorhanden.

Coelom. Eine Körperhöhle, die aus dem Mesoderm-Keimblatt des Embryos gebildet wird.

Coelomata. Vielzellige Tiere, die ein Coelom aufweisen.

Condylus. Gelenkhöcker am Hinterende des Schädels der Landwirbeltiere, der paarig (Lurche, Säuger) oder unpaarig (Reptilien, Vögel) sein kann.

Cortex. Als Großhirnrinde bezeichnete obere Schichten der Hemisphären bei Amnioten.

Corti-Organ. Im Labyrinth liegendes Gehörorgan der Säuger.

Cuticula. Von den Hautzellen abgeschiedene Hüllschicht. Beispiel: Chitinskelett der Insekten.

Cutis. Aus Epidermis (Oberhaut) und darunter liegendem Corium (Lederhaut) bestehender Teil der Wirbeltierhaut.

Cycloneure. Tiergruppen, die ein ringförmiges Nervensystem ausbilden.

Cytoplasma. Flüssigkeit, die eine Zelle ausfüllt und die neben löslichen und unlöslichen Stoffen auch die Organellen enthält.

Deuterostomier. Tierischer **Vielzeller,** der dreischichtig aufgebaut ist und dessen Mund in der Embryonalentwicklung nicht aus dem Urmund gebildet wird.

Deutocerebrum. Zweites Ganglienpaar der Gliederfüßer, das u.a. mit dem ersten Antennenpaar verbunden ist.

Eierstock. Bildungsort der weiblichen Geschlechtszellen und bei Wirbeltieren auch der weiblichen Sexualhormone (insbesondere Östrogene und Gestagene).

Eisprung. Ausstoßen des Eis aus dem Eierstock während der fortpflanzungsaktiven Periode.

Endopodit. Bei Arten aus der Gruppe der Gliederfüßer mit verzweigten Beinen wird der innenliegende Hauptzweig als E. bezeichnet; unverzweigte Beine bestehen nur aus Endopodit.

Epipodit. Auswuchs der Beinanhänge bei einigen Gliederfüßern, der vor allem zur Atmung dient.

Exopodit. Äußerer Zweig der Beine bei den Gliederfüßern mit zweiteiligen Beinen.

Fötus. Späteres Stadium des Säugerembryos, der bereits die wesentlichen Merkmale des voll entwickelten Tieres zeigt.

Fühler. Bei bestimmten Tiergruppen (z.B. Tentaculata) auftretende bewegliche Körperanhänge, die zum Fassen von Beute oder als Tastorgane eingesetzt werden.

Gastrula. Phase in der Embryoentwicklung, in der sich der Blasenkeim (Blastula) durch Einstülpung des Urmundes zu einem Becherkeim entwickelt.

Geißel. Röhrenförmiges, bewegliches Anhängsel mancher Zellen, das hauptsächlich zur Fortbewegung dient.

Geschlechtszellen. Zellen, die in den Geschlechtsdrüsen gebildet werden. Zur geschlechtlichen Fortpflanzung vereinigen sich die männlichen und weiblichen Geschlechtszellen.

Getrenntgeschlechtlich. Eine Art ist g., wenn die Einzeltiere entweder weiblich oder männlich sind.

Gleichwarme Tiere. Tiere, deren Körpertemperatur unabhängig von der Umgebungstemperatur durch Regulationsmechanismen auf einem bestimmten Wert gehalten wird: Vögel, Säuger.

Graue Substanz. Überwiegend aus Nervenzellkörpern bestehendes Gewebe im Zentralnervensystem der Wirbeltiere.

Großhirn. Vorderster und am höchsten entwickelter Teil des Wirbeltiergehirns; besteht aus den beiden Hemisphären.

Habitat. Umweltraum, in dem eine Tierart lebt.

Hämoglobin. Farbstoff im Blut der Wirbeltiere und mancher Wirbelloser, der dem Sauerstofftransport dient.

Hemisphären. Paarige Ausstülpungen des Endhirns; bei den Plazentatieren durch den Balken verbunden.

Hirnstamm. Ursprünglicher, bei allen Wirbeltieren gleichartig ausgebildeter Gehirnteil.

Hoden. Bildungsort der männlichen Geschlechtszellen und bei Wirbeltieren auch der Androgene.

Hypophyse. An der Unterseite des Hypothalamus liegende übergeordnete Hormondrüse der Wirbeltiere.

Hypothalamus. Im unteren Teil des Zwischenhirns gelegenes Koordinationszentrum des vegetativen Nervensystems.

Immunsystem. Nur bei Wirbeltieren festgestellter, auf Fremdkörper spezifisch (Antikörperbildung) reagierender Teil des Abwehrsystems.

Incisivi. Schneidezähne des Säugergebisses.

Innenskelett. Inneres, aus Knochen und Knorpeln bestehendes Stützsystem der Wirbeltiere.

Innere Befruchtung. Innerhalb des mütterlichen Körpers stattfindende Befruchtung; bei Landtieren verbreitet, unter den Wirbeltieren bei Reptilien, Vögeln und Säugern.

Jacobsonsches Organ. In der vorderen Nasenhöhle liegendes zusätzliches Geruchsorgan vieler Wirbeltiere, insbesondere der Reptilien.

Kleinhirn. Dem Hinterhirn ansitzender Gehirnteil der Wirbeltiere, der Bewegungsabläufe koordiniert.

Labrum. Auch Oberlippe genannter Teil des Chitinpanzers bei den Insekten, das im oberen Mundbereich liegt.

Labyrinth. Im Schädel eingelagerter innerer Teil des Ohrs, das die Schweresinnesorgane und das Gehörorgan (Corti-Organ) enthält.

Madreporenplatte. Platte des Hautskeletts der Stachelhäuter, die über Poren Meerwasser in das Wassergefäßsystem einströmen läßt.

Malpighische Gefäße. Ausscheidungsdrüsen einiger Gruppen der Gliederfüßer, hauptsächlich der Insekten.

Meiose. Reifeteilung. Zellteilung der befruchteten Eizelle, in der ihr doppelter Chromosomensatz wieder halbiert wird.

Mesosoma. Bezeichnung für die mittlere Körperregion der Chaetognatha und die Vorderregion des Körpers der Spinnenartigen.

Metamorphose. Von der Larve zum erwachsenen Tier führende Entwicklung bei verschiedenen Wirbellosengruppen und bei den Lurchen.

Metasoma. Bezeichnung für die mittlere Körperregion der Ringelwürmer und die Endregion des Körpers der Chaetognatha.

Metazoa. Alle Tiere, deren Körper aus somatischen (2n) und generativen Zellen (n, aufgrund der Meiose) aufgebaut sind. Diese Zellen haben somit ihre Totipotenz verloren und eine Spezialisation vollzogen.

Milchdrüsen. Hautdrüsen weiblicher Säuger, deren Sekret der Ernährung der Jungtiere dient.

Molaren. Hintere Backenzähne des Säugergebisses.

Nephridien. Ausscheidungsorgane der Metazoa mit Coelom.

Nephron. Harnbildendes Element der Wirbeltierniere.

Neuralrohr. Während der Embryonalentwicklung der Chordatiere über der Chorda liegendes Rohr, aus dem das Zentralnervensystem der Wirbeltiere hervorgeht.

Nickhaut. Zusätzliches, durchsichtiges Augenlid verschiedener Wirbeltiergruppen.

Ophistosoma. Hinterer Körperabschnitt der Ringelwürmer.

Organellen. Gebilde in einer Zelle, die bestimmte Aufgaben übernehmen. Beispiele: Zellkern, Mitochondrien.

Oviparie. Ablage von unentwickelten befruchteten oder unbefruchteten Eiern.

Ovoviviparie. Ablage von Eiern mit bereits weit entwickeltem Keim.

Pedicellarien. Bewegliche, pinzettenartige Fortsätze an der Haut von Stachelhäutern, die als Greiforgane genutzt werden.

Pelagische Lebensweise. Leben im Freiwasser.

Penis. Kopulationsorgan des männlichen Tieres.

Pereion. In der Körpermitte gelegenes Tagma der Krebse.

Phagocytose. Fähigkeit einer Zelle zum Einverleiben von kleinen Teilchen durch Einschluß in der Zellmembran und Abschnürung ins Zellinnere.

Plazenta. Organ der Plazentatiere, das der Ernährung des Embryos dient und von embryonalem Chorion und Gebärmuttergewebe gebildet wird.

Pleon. Am Körperende gelegenes Tagma der Krebse.

Prämolaren. Vordere Backenzähne des Säugergebisses.

Prosoma. Kopfseitige Körperregion der Ringelwürmer.

Protocerebrum. Erstes Ganglienpaar der Gliederfüßer, das für die Instinktleistungen der staatenbildenden Insekten verantwortlich ist und das Sehzentrum beherbergt.

Protostomier. Vielzelliges Tier, dessen Mund sich vom Urmund der Gastrula ableitet.

Radula. Raspelzunge der Schnecken zur Zerkleinerung der Nahrung.

Rückenmark. In der Wirbelsäule verlaufender und von Hirnhäuten geschützter Teil des Zentralnervensystems der Wirbeltiere.

Seitenlinienorgan. An den Körperseiten liegendes Strömungssinnesorgan bei Fischen und wasserlebenden Lurchen.

Serosa. Äußere Embryonalhülle der Wirbeltiere.

Skelettmuskulatur. Muskulatur, die das Wirbeltierskelett bewegt.

Spicula. Aus Kalk oder Kieselkristallen bestehende Elemente des Innenskeletts bei der Gruppe der Schwämme, z.T. auch bei Protozoen.

Spore. Überdauerungszelle, aus der sich ohne Befruchtung ein vollständiges Tier entwickelt.

Stammesgeschichte. Entwicklungsfolge von den ursprünglichen zu den weiterentwickelten Gruppen der Lebewesen.

Subcutis. Unter der Cutis liegende Unterhaut der Wirbeltiere.

Syrinx. Als Stimmorgan ausgebildeter unterer Kehlkopf der Vögel.

Tagma. (pl. Tagmata). Zusammenschlüsse von Segmenten zu Hauptabschnitten des Körpers bei den Gliederfüßern (z.B. Kopf, Brust und Hinterleib).

Taxon. (pl. Taxa). Allgemeine Bezeichnung für eine systematische Gruppe z. B. die Klasse der Krebse, der Stamm der Geißeltierchen usw.

Telson. Endständiges Körpersegment der Krebse, das keine Körperanhänge besitzt.

Totipotenz. Fähigkeit einer Zelle, sich in einen anderen Zellentyp des Organismus umzuwandeln.

Tritocerebrum. Drittes Ganglienpaar der Gliederfüßer, das meist mit dem zweiten Antennenpaar und dem Labrum verbunden ist.

Urostyl. Stabförmiger, aus miteinander verwachsenen Wirbeln bestehender Schwanzknochen der Lurche.

Vegetatives Nervensystem. Weitgehend unabhängig vom Willen arbeitendes Nervensystem der Wirbeltiere.

Venen. Zum Herzen hinführende Blutgefäße.

Viviparie. Das Gebären lebender Junge, die sich im Mutterleib entwickelt haben.

Wasserlunge. Vom Darmrohr abgetrennter Atmungsraum der Seegurken.

Wechselwarme Tiere. Tiere, deren Körpertemperatur weitgehend durch die Umgebungstemperatur bestimmt wird: alle Tiere mit Ausnahme von Vögeln und Säugern.

Weiße Substanz. Aus Nervenfaserbündeln bestehendes Gewebe im Zentralnervensystem der Wirbeltiere.

Zellkern. Von einer Hülle umschlossener Zellabschnitt, der die DNS und damit die Erbinformation der Zelle enthält.

Zentralnervensystem. Durch Verschmelzung von Ganglien im Kopfabschnitt gekennzeichnetes Nervensystem. Das Zentralnervensystem der Wirbeltiere besteht aus Gehirn und Rückenmark.

Zwitter. Tier bzw. Tiergruppe, in der jeder Vertreter sowohl weibliche als auch männliche Geschlechtsdrüsen aufweist.

Inhalt